U0170823

无论是我们追求的安全感，还是设计，都源于万物的存在。设计是让你由内而外、全身心感受到的安心和快乐。

　　而安全感也并不是一种概念，它是贯穿于我们所在的世界和万事万物的一种存在，是在工具、建筑甚至是快乐之前，身体就能实实在在感受到的一种存在。设计就是由此开始的。

黑川雅之

素材 与 身体

[日] 黑川雅之

MATERIAL & BODY

MASAYUKI KUROKAWA

中信出版集团 | 北京

图书在版编目（CIP）数据

素材与身体 / (日) 黑川雅之著；吴俊伸译. --北
京：中信出版社，2021.1（2023.11 重印）
ISBN 978-7-5217-2468-4

Ⅰ.①素… Ⅱ.①黑…②吴… Ⅲ.①工业设计
Ⅳ.①TB47

中国版本图书馆CIP数据核字(2020)第227413号

素材与身体

著　者：[日]黑川雅之
译　者：吴俊伸

出版发行：中信出版集团股份有限公司
　　　　　（北京市朝阳区东三环北路27号嘉铭中心　邮编：100020）
承 印 者：山东临沂新华印刷物流集团有限责任公司

开　本：787mm×1092mm 1/16　　　印　张：20　　　字　数：200千字
版　次：2021年1月第1版　　　　印　次：2023年11月第2次印刷
京权图字：01-2020-0115
书　号：ISBN 978-7-5217-2468-4
定　价：128.00元

导言 素材与身体

2 设计的身体性

4 有关身体性的 8 个概念

6 材料

8 群体

10 破绽

12 氛围

14 偶然

16 沉默

18 暧昧

20 原型

23 铸铁

39 橡胶

59 玻璃

79 瓷

91 软木

99 铝合金

117 栎木

135 皮革

143 硅胶

155 钛

165 黄金

175 漆

191 铅

199 塑料

213 铂金

223 和纸

235 不锈钢

249 桐木

255 陶

261 石

267 黄铜

273 聚氨酯涂料

283 钢铁

291 杉木

299 丝

导言 素材与身体

本书的标题是《素材与身体》，从内容上来说，讲的应该是材料的存在及其身体性。

信息革命让我们的世界越来越小，各式各样的事件不断推动这个世界向前发展。无论哪里发生的经济危机都会瞬间蔓延至全球，欧洲、美国的设计通过网络和杂志也能迅速传遍世界的每个角落。

但是，人依旧要在用自己的身体去触摸去感觉后，才会相爱，才能创造后代。所有的一切都必须依托身体。

置身于当今时代，现代人反而开始意识到"用身体去感受"的重要性。仅凭邮件是不能加深彼此间的感情的。网络为我们创造了认识他人的机会，同时人们也重新认识到"见面"的重要性。

随着大批量生产成为可能，塑料产品开始占据人们的生活。与此同时，信息革命使产品的形态和色彩越来越被人们所重视，但不要忘了，触觉和嗅觉是无法通过网络和印刷传达的。

就这样，我们的生活逐渐被"有着奇怪形状、奇异色彩的商品"所充斥。就这样，本该追求质感的人们在这个时代开始悠闲自在地消费各种奇怪的商品。为消费而生的创意、色彩和材料正在侵蚀着人们的精神厚度。

我希望能重新思考材料的意义、存在的意义，同时认真考虑身体性的重要。我希望通过这样的思考来感知下一个时代的世界观。

　　我认为，设计说到底还是人类学。它研究的是人类和社会的发展，为人的生活提供各种各样的解决方案。

　　本书中虽然只有照片和文字，但我依旧希望大家能够用眼睛去感受、用爱去体会书中提到的各种材料。

黑川雅之

设计的身体性

人生来便是没有安全感的生物。这种不安大概在人出生的那一刻便产生了。胎儿在母亲子宫里一直处于无重力的漂浮状态。那是一个不需要呼吸，不需要饮食，不需要衣服的空间。所以对于胎儿来说，"出生"可能算是一件突如其来的恐怖事件。这是因为与在母亲子宫中不同，人在出生后需要承受重力，需要穿衣服来维持体温，需要呼吸，需要饮食，不然就无法活下去。这种体验不断积累沉淀，我们的基因便牢牢记住了这种由"生存"带来的不安感。

因为不安，人们争吵，人们相爱。为了逃离不安，宗教产生了。同样的不安还催生了艺术。世间万物都是在这种无法逃离的不安中开始的。

设计和艺术一样，都是因为想要排解这样的不安而诞生的。在谈设计之前，我想强调一下，万物是排解不安的良方。人们伏身去感受大地，或是藏身在山林之中伸手触摸岩石……人们大概便是在这万物中寻到了排解不安的良方。

于是人们开始对万物进行加工、创造。刻凿岩石，挖掘泥土，加工木头，从而获得内心的安全感。

在一个什么都没有的空间中，人的心是静不下来的。即使只是多了一棵树或者一块石头，也会让人觉得稍微安心一些。所以人们雕琢石头，制造佛像；所以人们用树木制造各式各样的工具。石头、树木的存在使人安心，而"加工"这一程序则使其转变为人们日常所用之物。于是人造物就这样产生了。在它们之中，没什么用处的被人归为艺术，有实际用处的就成了建筑或是工具。

这就是设计的出发点。

不安也好，想从不安中逃脱也好，说到底都是内心的问题。在这个复杂的世界中，内心才是最重要的。人们渴望获得内心的安全感，渴望能够由衷地感到快乐，设计就是因此而生。

而让人伤心的是，快乐实际上是一件很困难的事情。特别是对于一个关心身边人且非常了解自己内心需求的人来说，由衷的快乐其实并不简单。人与人之间的感情是什么？美是什么？和谐是什么？快乐又是什么？长久以来，人们一直都在追寻这些事物的意义。这看似简单的快乐，其意义与设计的意义实际上是密切相关的。

武士切腹是因为对美有所追求。作家三岛由纪夫自杀是为了追寻美。茶道宗师千利休也说过美是一种可怕的东西。即使说我们所有的人都是为了追寻美而生也不为过。因为美就是我们追求的和谐，就是我们渴望的快乐，所以也就存在为了美而搭上性命的人。为了爱情而牺牲、冒险……这给人带来的感动我想是一样的。

无论是我们追求的安全感，还是设计，都源于万物的存在。设计是让你由内而外全身心感受到的安心和快乐。

而安全感也并不是一种概念，它是贯穿于我们所在的世界和万事万物的一种存在，是在工具、建筑甚至是快乐诞生之前，身体就能实实在在感受到的一种存在。设计就是从此开始的。

设计就是给予材料形态的过程。

有关身体性的8个概念

1. **材料** 　　唤醒心中对材料的记忆让人快乐和兴奋

2. **群体** 　　即使看不见整体，也能通过观察周围而保持动态的平衡

3. **破绽** 　　悲伤总在欢乐的背后，破绽让生命与众不同

4. **氛围** 　　是气氛、神情还是风度？是一种超越五感的感觉

5. **偶然** 　　放弃周密计划而产生的创造性

6. **沉默** 　　表现者的创作因鉴赏者的创造而完整

7. **暧昧** 　　世界开始的时候是暧昧的，想象力让一切都有了意义

8. **原型** 　　回到出发点探寻物品的内涵和形式

材料

唤醒心中对材料的记忆让人快乐和兴奋

　　万物存在本身便是设计的出发点。人们首先认识自然原来的样子，再逐渐对其进行加工，开始创造。

　　人类对材料有很多记忆。在竖穴式的住宅里，用来建造地面的泥土本是自然中土地的一部分；建造屋顶的木材和干草本是自然中的草木。所有的材料都是自然的一部分。暂且不论一间房子是如何守护着主人，它所创造的空间又是怎么治愈人们的心灵的，材料本身早就在潜移默化中占据了人们的记忆。

　　泥土、树木、花草、空气、水都是地球的一部分，它们与我们的生活紧密相关。而人们将它们从自然中分离出来，作为材料进行各种各样的调配，建造房屋、制造工具。泥土变成墙壁，树木变成柱和梁。泥土通过加工又变成各式各样的器具。各种各样的材料"各司其职"，共同组成一个建筑物。

　　人们深刻铭记着材料是自然的一部分，以此为前提，材料转变为墙壁、梁柱、器具、家具等，在不同场景下发挥着相应的作用。材料被加工后有了新的形态，而不同的形态又被赋予了不同的功能，于是材料在人们的记忆中又多了一层新的意义。但是，在建筑和工具本身的功能和形态之下，永远都隐藏着材料原始的意义。

在高科技下诞生的新材料，改变了人们对材料的认识。未曾接触的材料刷新了人类的记忆。塑料或者是钛金属这样的材料并不是在大自然中诞生的，仅停留在人们的浅层记忆中。

我们生活的世界一旦被这些层出不穷的新材料所充斥，人们对材料的原始感觉就会逐渐淡化。新的材料企图通过全新的表现赋予人们全新的感受。当今的设计越来越重视易于传播的"形态"表现，而不易于传播的"材料感觉"则逐渐失去了其"设计原点"的地位。人类原始的感觉，这种按道理永远不会消失的东西日渐被人们所遗忘。

为什么我要在这里谈材料呢？我想让大家找回对材料的原始感觉，包括新材料在内。触摸也好，嗅闻也好，总有那种只有此时此地才有的感觉，永存于我们内心深处。就像我们在婴儿时期用舌头舔东西去理解这个世界一样，让全身心的感觉来主导我们。我希望我们能通过这种方式来唤醒失去的野性。

群体 即使看不见整体，也能通过观察周围而保持动态的平衡

你了解人类吗？你爱着全人类吗？你了解社会吗？你爱着这个社会吗？

我想还是好好斟酌一下。即使你有爱着的人也不代表你爱着全人类和这个社会。人们爱的是他人的温暖，因为这种温暖让人心里感到安定。人类和社会看起来好像永远都存在于你我之中，实际上却都是看不见摸不着的东西。这样的东西，你要怎样去爱？

我们总是谈着对全人类的大爱，但就对象而言，人类也好社会也好，都只是一种概念，是看不见摸不着的。人都是通过实际的感受去爱别人的。所以即使见不到人，也能通过想象感受到来自对方的温暖，从而去爱这个人。要是通过这种方式也能挽救那些受苦受难的小孩的生命就好了。

人在与他人实际接触后才会去爱他人，又适度地和他人保持距离。我们并不是时刻都胸怀全人类、全社会地活着的，而是以人为单位，关心着一个个具体的人。对于人来说，一个美好的社会就是能够让你有这样真切感受的集合体。这就是群体。比起人类来说，个人更重要；比起社会来说，身边的人更重要。

构成身体最基本的单位是细胞。最开始的时候只有一个细胞，在经过无数次分裂之后，各个细胞都是在考虑其他细胞的功能、分工等的基础上再确定自身定位的。各细胞并非在一开始就"各司其职"，它们通过不断观察其他细胞逐渐明确自己的功能定位，然后构成功能各异的器官。

连细胞都如此，人更是如此。人都是在无意识中观察着他人，然后决定自己的位置。

并不是先有整体这个概念，才有人的。相反，是先有人，然后才由人构成了社会。但是，世界上即使有了更多的人，人类还是人类，人死了社会也不会因此而改变。各种各样的集合也是这样。无论盖了多少新房子，或是灾害毁掉了多少房子，其所在集合的意义并不会因此而改变。群体就是这样的一个集合。

在中世纪，城市有着集合的功能。因为要抵抗来自别的城市的攻击，所以人们集合起来组成了城市。于是产生了城墙这个东西。虽然现代城市没有了城墙，但是不管多么大的城市，都是一个集合、一个群体。

群体让人们互相之间实际地感受到对方的存在，相互合作。但这种合作的出发点仅仅来自身体对他人存在的感觉，并不是纵观全人类、全社会之后的结果。就像鱼群中每一条鱼移动时都会凭感觉与其他鱼保持一定的距离一般，群体里弥漫着人们互相之间各种细小的感受。在群体之中并不需要一个领导者，也不需要人们拥有所谓的整体意识。

城市能让我有实际的存在感。在一瞬间仿佛我能看见所有的过去和未来：记忆里的是过去，梦境里的是未来。我们的过去和未来，都包含在此时此刻之中。

破绽　　悲伤总在欢乐的背后，破绽让生命与众不同

　　有漏洞的计划让人心烦。的确，计划必不可少，但是，也很少有百分之百能按照计划进行的事情。计划是为变化而生，但与此同时计划也在不断变化。那到底什么是计划呢？

　　人都是很聪明的，因此大概不会有人觉得自己制订的计划就是完美的。每个人都知道自己的不足。所以我觉得，在必要的时候改变计划反而是一件好事，因为人们在最开始的时候就知道，任何计划都有漏洞或者破绽。

　　如果人们能以一个积极的心态去看待存在破绽的计划，就能发现实际上其中蕴含着"大自然的规律"。正因为存在破绽，所以人们会根据实际情况修改计划。但若将注意力放在破绽本身上，就能发现它的美，获得意外的感动。

　　由于砂模所具有的特殊属性，用砂模铸造铁的时候，无论计划有多么完美都做不出完美的铁器。可即使这样，人们也没有使用金属模代替砂模，就是因为在这种不完美之中有一种缺憾美。

　　不以不会碎的强化玻璃或是不易碎的厚玻璃替代普通玻璃，就是因为在对玻璃会碎的不安中存在着一丝美感。正因为它容易碎，所以在使用的时候人们总是会特别小心，到最后这块玻璃也不一定会碎。

每个人都知道总有一天自己会死。我也不觉得有人会喜欢永生永世地活下去。我们说长寿可喜可贺是因为知道死亡就在前头，如果没有了这个前提，永生的"长寿"在我看来是一种痛苦。

　　人的一生中充满了各种各样的破绽，其中的美我想每个人心中也各有体会。有时候我想，因得了癌症而每天伤心也比永远活下去没办法死要好。

　　如果有这么一个窑，无论谁都能随时烧出极品瓷器，那大概不会有人用这个窑烧制瓷器了。瓷艺的乐趣就在于不确定性，能否成功烧出极品瓷器取决于人的技术等因素。开车也是，要是谁都能简简单单地学会，便也没什么意思了。要学会开车，就需要克服重重困难，不断练习以提升驾驶技术。这才会让人觉得开心。虽然世界充满了矛盾，但矛盾本身和我们生命中的快乐紧紧相连。

　　从出生到死亡，人生的乐趣就在于破绽。没有人会刻意追求破绽，但破绽无处不在，这就是人生的奥妙、创造的奥妙。

　　过于安定的日子让人无法提起创造的欲望，是破绽让人苏醒过来。因为饿，所以有了食欲，饥饿的感觉又会让别的欲望产生。破绽才是我们生命的原点。

氛围   **是气氛、神情还是风度？是一种超越五感的感觉**

    明明没人的房间或是昏暗的街道，却感觉有人，这就是氛围。虽然人的后脑勺并没有长眼睛，但一般情况下我们总能感觉到背后的人。当然，也有人能做到不让其他人察觉自己的存在，比如忍者就能做到藏身于树荫之中，不被人发现。

    一个人的氛围体现在他的表情动作或者穿衣搭配上，是由内而外散发出来的。有魅力的人、严肃的人、有气魄的人、有风度的人，每个人的气场都不一样，这种气场就是所谓的氛围。

    想要塑造一个人的氛围是很难的。有风度也好，严肃也罢，都是由内而外的，并不是浮于表面的。所以，化妆可以让人变漂亮，却无法轻易改变一个人的氛围。时髦也是一种氛围。妆化得时髦不代表这个人时髦；只有从心里时髦了，这个人才时髦。设计也是塑造氛围的一种方式，但是光有造型是不行的，还需要合适的材料、结构和功能。正如人的氛围是由内而外产生的一般，物品的氛围也不是浮于表面的。

    我们所说的设计，并不是去设计物品本身，而是设计物品的氛围。在做设计的时候，人们很容易只重视最直观的造型，而忽略其他要素。但是一件物品，它的形态如何，使用什么样的材料等，都深深地影响着它的氛围。在设计中，全面地考虑这些要素是非常重要的。

人有魅力，物也有它的魅力；人有风度，物同样具有它的风度；人会悲伤，物也能传达这种悲伤；人感到孤独，物也会散发出同样的孤独。在做设计的时候，就是应该利用物品的造型、材质等来打造其独特的氛围。

氛围是一种超越五感的直观的感觉。如果设计物品时，加上这样的感觉，设计就能变得富有诗意。

在环境设计和家居设计中，因为涉及大量具有不同氛围的物品，实际上设计的是物与物之间的关系。家居设计看的是不同家具之间的关系，环境设计是调和建筑、街道、草木等之间的关系。

造型和材料的特质决定了物品的氛围。每一种材料的背后都深藏着人类久远的历史，都讲述着不为人知的故事。也只有这样的物品才会让我们的身体产生共鸣。

我所说的氛围其实并不只关于设计。有时候，一座佛像、一栋旧房子、古老的森林或是神社会让我们联想到神秘的妖怪或是幽灵。这种超越五感的感觉便是所谓的氛围。

偶然

放弃周密计划而产生的创造性

生命是怎样诞生的呢？从父母带我们来到这个世界开始，我们的生命便伴随着喜怒哀乐。明知逃不过死亡的命运，但在那之前，我们拼尽全力地活着。即使亲人离开这个世界，我们也要振作精神，继续走下去。

我的父亲在跟母亲结婚之前，有过一次相亲。见过相亲对象后，父亲特别满意，决定结婚。但是在回家的路上，鞋带竟然断了。父亲有一种不祥的预感，所以最后没有跟相亲对象结婚。

要是当时鞋带没断，父亲就会与另一个人结婚，不会遇见我的母亲，也不会生下我。但是父亲和母亲在偶然间相遇，然后生下了我。有人会说这是命运，也有人会说这是宿命。但是可以确定的是，如果当时父亲的鞋带没有断，父亲和母亲就不会相遇，我也就不会出现在这个世界上。

我们的地球也是这样，在偶然中成为有生命的星球。生命体就这样偶然地出现了。地球的存在是宇宙的奇迹，生命的存在也是偶然的奇迹。

人生、事业、政治、经济等，计划都占其中很重要的一部分。但是，计划也意味着排除生命中的所有不确定性，一切遵从人的意志。

人们计划、设计、制造的出发点不应该是"安排"大自然，而应该建立在接受花会枯萎凋零这样的事实之上。

创作就是收获偶然的过程。就像我出生这件事情一样，扔掉计划，迎接偶然，等待那偶然中出现的美的瞬间，这就是创作的精妙所在。从用心雕琢的数十、数百件物品当中选出唯一的"偶然"。

恋爱是偶然。相遇是偶然。名作也是因为偶然而成了名作。收获偶然实际上是符合"宇宙规律"的。杰作的诞生也是作为自然一分子的人所努力的结果。

在近代的思想中，偶然被排除在外。科学否定了偶然，追求计划的精致。可是在艺术中，越是偶然就越有生命力。

绘画中偶然的效果就非常明显，让人感动。通过笔挥洒出墨的颜色，展现无尽的生命力。仿佛都不需要人的存在一般，这种偶然让美自然流露。

人生无常。人的存在也是无常，我们一直遵循着偶然这一宇宙规律。所以死亡也是无常，也是偶然，也应让人感动，让人开心。

沉默　　　　表现者的创作因鉴赏者的创造而完整

　　话说得越多，带来的误解往往也越多。一旦失去对对方的信任，谈话往往就会往一个悲剧性的方向发展。我想大家都有过这样的经验。即使是再有魅力的人，若不被理解，再优雅的举止也会让人觉得粗俗，再温柔的表情都会令人不快。所以这一切都取决于受众的心情。如果受众觉得这是个好人，那什么都会变得很好。明明很健康，如果心情沮丧的话，身体也会跟着不舒服；明明感冒了，如果精神振奋的话，就不会出现感冒症状。这样的经验大家也都有。肉体和精神的关系就是这么奇妙。日语中的"生病"写作"病气"，正如这个日语词汇所示，病就是从"气"中来。

　　人们想要传达某种意思的时候，首先需要将对方的"气"引到你这边来。如果你说的话对方不想听，换句话说就是"气"不在你这儿，那无论你怎么努力都不会有结果。

　　一切都取决于对方的"气"。

　　那到底要怎样引出对方的"气"呢？能乐大师世阿弥有句名言："秘则为花。"藏着藏着，魅力就越发突显。如果一开始就将一切都展现在人面前，想象力就发挥不了任何作用了。

　　越是藏着，人们越是想看。就是因为看不到，才会努力地发挥想象力去探索，去了解。神秘感激发人们的想象力，引导人们产生共鸣，最后获得感动。

沟通本质上并不是物质的交换，而是意见的交流。每个人生活体验不同，意见也就各不相同。所以沟通对于自己和对方来说并不具有连续性，这一点我觉得挺有意思。

一本小说，读者的理解和作家在创作时想表达的意思是绝对不一样的。正是因为作家和读者之间的这种隔阂，才产生了作品丰富的表现力。这一切都归功于读者的想象力。艺术家和设计师的作品也是如此。

我一直认为设计与艺术作品都是一种自白，是一种发问。在我看来，艺术与设计是艺术家与设计师追寻美的行为，并不是表现。而将寻找到的美表现出来，绝不是一个快乐的过程，实际上它是一段充满苦涩艰辛的自白，是带着疑惑对世界的发问。这里的作品诉说的只是艺术家或者设计师自己的问题，根本不会考虑后来观看作品的鉴赏者。

而鉴赏者对于这些孤立的艺术家和设计师的自白，会发动自己全部的审美意识和价值观试图理解。而越是试图理解，就越会专注于自己本身的审美意识和价值观。这就是表现者和鉴赏者之间的关系。

沉默并不是默不作声。不要因为考虑到鉴赏者的想法而说得太多，要尽量用少量语言激发强大的想象力。表现的象征性和简洁性便从沉默中诞生。

暧昧

世界开始的时候是暧昧的，想象力让一切都有了意义

语言学家说，世界是一个连续的整体。我们的世界不是单位的集合，但人们为了方便理解，把世界划分成不同的单位。高耸的山脉是地球上比较高的那一部分，人们给其取名为"山"。但"山"的定义没有具体的界限：到底多高能被称作山，没有人能说得清楚。人身体上从哪里到哪里算作手，也说不清楚，因为人们只是将具有手的功能的那一部分身体命名为"手"。

桌子、椅子、器皿等，都是人取的名字，也没有特定的界限。餐桌和书桌到底有多不同，多高的桌子能用作餐桌，也没有明确的规定。

能面的表情就很暧昧。能剧演员的不同动作，让能面的表情看起来不同。演员时而哭，时而笑，不同的动作赋予了能面不同的含义，表达的意思根据鉴赏者状况的不同也有所不同。就像读小说一样，每一本小说都会因为读者所处的情境不同而产生不同的意义。小说在写好的时候就包含了多种多样的暧昧的含义，读者会自己选择不同的理解。

暧昧在世界之初就已经存在。这种暧昧和人扯上关系的时候，就被逐渐赋予了这个人所具有的个性。暧昧能刺激想象力，作者能通过它让读者以另一种方式参与创作。

因为暧昧，当人们想要弄清楚作品究竟是什么意思的时候，就不得不发动自己的想象力。所以有时人们会故意利用这一点，将某些意思表达得很暧昧。能面的表情是这样，衣服有时也是如此。穿衣服时身体有露出来的部分和被遮住的部分，被遮住的部分强烈地激发着人们的想象力。有时候这种想象比现实还要丰富。

因为未来具有不确定性，所以人们对它有所期待。因为暧昧，所以想要了解。越是没有存在感，就越是想看清轮廓。暧昧让人更好地发挥想象力。

动用全身的感觉想要看清楚某个东西，因此而有所期待，感到兴奋，人和物的距离在这个过程中被拉近了。

用途暧昧的工具、人们暧昧的表情、隐藏在大雾中的森林，这些都刺激着人们努力用全身的感觉去理解、体会。

"暧昧"和"沉默"一样，都能让观察者、读者等参与创造。它能引导人们的五感更好地去感知，让人对事物的理解不再停留在对与错的层面，而是进入梦想和创造的空间。

原型

回到出发点探寻物品的内涵和形式

　　现在的手机可以拍照，可以听音乐，带有导航功能，早已超出电话原有的概念，更像是游戏机甚至便携式终端；照相机加上了摄像功能，和摄像机的区别渐渐缩小；自行车装上了电动的辅助发动机，出现了三轮的摩托车，交通工具的世界也朝着多功能和融合的方向发展。

　　在如今的家庭住宅中，餐厅和厨房合二为一还逐渐兼具客厅的功能；与此同时，客厅则变成了家庭影院。卧室作为个人的独立空间，更加注重视觉的表现。我们来到了一个手机和相机功能混同的时代，对物品和空间进行再组合的时代到来了。

　　在这个时代中，找寻所谓的"原型"，就是对很多事物的形态和样式进行再发现。在这过程中我们会不停地发问："这究竟是什么？"

　　因为这个世界变得越来越难懂，所以更需要找到共通的语言，对生活环境再构筑。这再一次和万物、工具等的构造息息相关。iPhone虽然算是便携式终端，但它没有跳出一般带有照相和游戏功能的手机的原型。物品的构造和表现都被其最初的原型所限制，想要超越它基本是不可能的。

另一个例子是数码相机，它也没有超越胶卷照相机的原型。左右两边是胶卷的暗盒，光线进入中间的镜头让胶片曝光，这样的结构和形态依旧束缚着今天的数码相机。福特的T型车，也保留了马车时代的经典构造。

原理不改变，结构就不会发生改变。新的相机功能应该有新的形态，发掘相机和人之间的新关系本来应该是设计师的工作，但通过以旧形态搭上新功能的做法，相机保持着旧形态。

现在我们该做的是去发现数码相机的原型，进而找到当今住宅的原型、办公室的原型，以及各种各样工具的原型。

在这个物质泛滥的时代，我们所该找寻的是"人和工具""人和物"的关系。

人身体的一部分使用工具，所以工具一定具有身体性。利用工具能够创造空间，虽然不能像建筑一样将人容纳其中，但它所创造的空间却始终包含着人们，包括我们的情态和感觉。

原型不仅是物品和工具的形状的内部结构，它还能带我们找到工具和人之间的关系。

0| 铸铁 ▶

　　用砂模铸造的铸铁，其表面记载着历史：深埋在土地中，还是块铁矿石的记忆；在烈火中熔化变得灼热的记忆；在砂模中被铸造时与砂交融的记忆。用铸铁制成的器皿都非常重，其粗犷的手感就好像强健的肉体，随时间的流逝而产生的铁锈也无损铸铁独特的魅力。

"铸铁"系列（第24~38页图片如无标注，则均属"铸铁"系列）

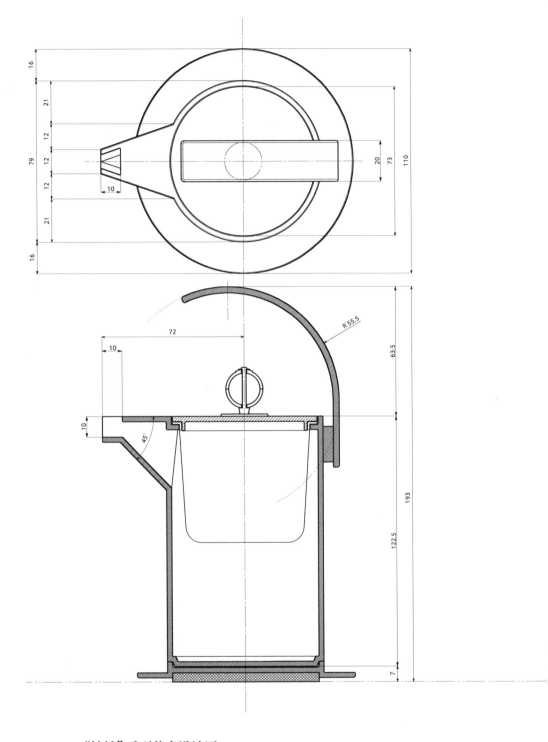

"铸铁"系列茶壶设计图

所有铸铁质地的作品都由日本山形县的一位传统工艺制作者完成。山形县的铸铁壶以质量闻名，常用于日本的茶道仪式。

　　过去茶道用的加热器主要是由铸铁制作的，现在已经几乎没有这种需要了。所以有必要将这种精湛的技术应用到现代的生活用具上。发现了大量已不再销售的茶壶盖和把手后，我产生了利用它们制作现代水壶的想法。茶壶盖和把手本身就是优秀的工艺品。凭借现成的优势，集中精力进行设计，可以说这是一种编辑组合的设计方式。

壶盖和把手出自已故的高冈工匠黑谷哲雪，壶身由清光堂第十代传人佐藤琢实先生制作，是传统的手工艺与现代设计的完美融合。

爱与情

爱由对神明不计回报的爱开始，延伸到人与人之间，是一种愿意单方面为他人牺牲、不求回报的感情。情是一种人、动物，乃至所有生物都能感受到的感情。

爱是激烈的，所以我们有时候会"由爱生恨"。情是安静的，它存在于人的心中，几乎不会改变。

自然是一个整体，其中的万物紧紧相连。当我们来到这个世界上的那一刻，当我们脱离自然成为独立个体的那一刻，就明白了什么是生而为人的疼痛。我想这也是一种情。自然万物本是一个整体，被迫分离后，一直在努力实现再次合体，这种感觉便以情的形式寄托于生命体中。

人和人、人和动物之间的情，是不会和爱一样消失的。因为情的对象并不是特定的，而是万事万物。

爱是崇高的、不容玷污的、纯粹的。因为它纯粹，所以也许有一天会变成恨。情不存在牺牲和奉献，和纯不纯粹也完全没有关系。和人生来便有的寂寞和不安一样，它是一种无法逃脱的感受。

世间可能存在"大爱"，但是不一定会有"深情"。如果情变"深"了，也许就会带来一系列问题。"大爱"能给人自由，"深情"却可能让人永远都无法获得自由。

也许我永远都无法追上爱的脚步，但是情会永远存在于我的身体之中。爱也许不能相信，但是情不会骗人。

爱是从对神的爱开始的，情则是自然界中连接万物的引力。爱在空中飞舞，情却和在烈火中熔化的铁一样在大地上燃烧。

宙

利用传统工艺制作出来的茶具。

《黑豆腐》

心碎与拒绝共存的复杂感情、从完善秩序中逃走的美学，就是属于豆腐的美。

豆腐不仅是日本代表性的食材，更是代表性的设计。找不到比豆腐设计更简洁，表面更柔软，触感更丰富的材料。豆腐拥有独特的深白色，给人一种纯洁的印象，根本不受其他颜色影响。虽然方方正正，棱角分明，却并不强健有力。

豆腐拥有无常的气质、被破坏的宿命，它的存在本身就是一种设计。

我认为豆腐在一定程度上能代表日本的美学观念。洁白、柔软、无常，材料感丰富，形状简洁，这些跟日本美学是一回事。

《黑豆腐》所要表现的是对豆腐以及日本美学的赞美；也表现了对这种美学的抵抗，以及现代的苦涩。将完美的金字塔倒置，表示对完美空间进行反转；与之类似，将豆腐变成黑色，就是注入一种混沌的思想。也许《黑豆腐》是豆腐的终极形态。

放弃精心设计，重回"这样就够了"的喜好；放下对造型的关心，重回"就这么办吧"的干脆。重视像豆腐一样丰富的材料感，但是拒绝鲜明的白色，逃避光明，追求阴影。在这心碎与拒绝共存的感情中，仿佛有一种对死亡的反抗，有一种从与自然的一体感中逃走的意图。好美。

我另外的作品《铁茶室》和《黑豆腐》一样，一边继承茶室的意义，一边用铁这种材料与其对抗；一边模仿与学习，一边有些不一样的地方；一边拒绝，一边接受。

桌上容器《土》的原材料铁是土壤中的金属，生锈后也会回归土壤。在铁身上能够清楚看见来自土壤的记忆。铁这种材料给人以回归土壤的印象，有一种属于它自己的深层美学。立方体和球体一样，都是近似神明和宇宙的形体。在《土》身上并存着土壤的原始感和数学形体的未来感。

土

02 橡胶

▶

　　橡胶有一种普通的人工材料做不到的触感。它能让人的皮肤直观感受到它的柔软和光滑，具有难以言喻的魅力。橡胶的黑色是影子的颜色，给人一种邪恶的感觉。这种矛盾在橡胶身上呈现出一种奇异的美。黑色的橡胶完全不反射光线，仿佛是在对抗以白色为基调的现代主义。

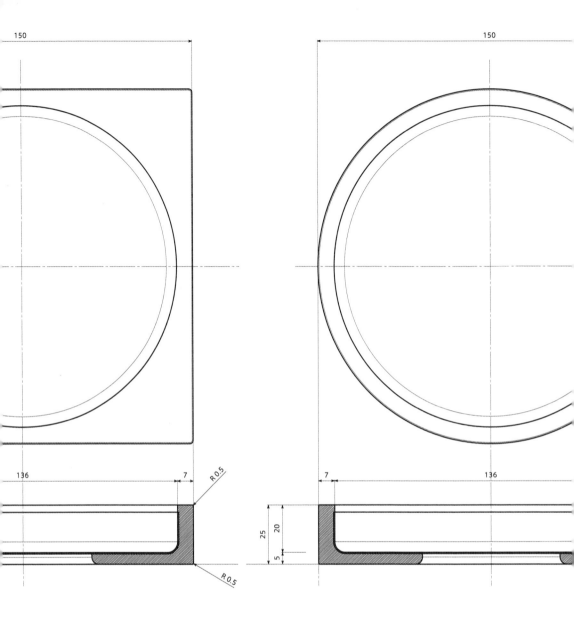

"GOM"系列（第 40~58 页图片如无标注，则均属"GOM"系列）

"GOM"系列设计于1972年，历史悠久，充分运用了橡胶成型技术，是至今仍然在生产和销售的优秀作品。曾荣获日本G-Mark长销奖，并被纽约现代艺术博物馆收藏。

新的"GOM"系列使用了柔软的材料塑造坚硬的外形，是产生于灾难后的创意。"GOM"系列都具有对立性质。作为物质本身属性的质感、形态、温度、透明度、颜色等，在性质对立状态下产生的矛盾非常奇妙。材料的感觉能通过触觉、视觉、温度，以及想象力的补充传给人。两种不同性质的冲撞别有韵味。

雌雄同体

阴与阳、黑与白、男与女的关系不是融合，而是共生。看上去合二为一却无法忽视彼此的矛盾就是共生。

设计有时候好像是在创造一种不和谐。创造的指向本来就不是秩序而是破坏，因为生命本身就不是在和谐中诞生，而是在细胞的生死活动中循环发展的。生命从来不会甘于安静与稳定，永远朝着刺激与挑战前进。

这么想来，所谓的生命力指的就是这种不稳定性。罗杰·凯卢瓦[1]说过，强大的生命力一定是不对称的。勒内·托姆[2]也认为灾难意味着大团圆，破绽是生命的瞬间表现。生命现象和创造行为其实是一样的。

"雌雄同体"是指同时具有男性和女性双方特征这一现象。中世纪的欧洲绘画里，伊甸园中的亚当和夏娃常被刻画成雌雄同体。因为他们所象征的可能是只拥有一般性征的世间男女所渴求的理想状态。人在诞生时性别就已经确定，从那一刻开始体内就潜伏了对另一个性别的欲求。正是因为完全分离的两性无法达到一体的稳定，所以才会存在性欲。人本身就是不完全和不稳定的存在，可如果我们拥有完整和稳定，也许并非好事：我们将不再是具有创造性的动物，不再有富含生命力的表象。因此稳定并不是人类的理想状态，人正是因为不稳定，才能享受生命力带来的愉悦。

基督教中有原罪的思想。可正是因为有了以性欲为首的种种欲望，人类生命才有了原动力，才能体会到得不到满足的苦涩。这才是生命本来的姿态。

---

1 罗杰·凯卢瓦（Roger Caillois），法国作家、社会学家、文学批评家。（本书注释均为译者注）
2 勒内·托姆（René Thom），法国数学家，突变论的创始人，1958 年获菲尔兹奖。

关于材料的记忆

一般说到橡胶，我们会联想到满是泥土的汽车轮胎，工厂机床下沾满油的避震器，水龙头的垫圈，或是建筑、汽车门窗的密封圈。橡胶在人们脑中绝对称不上漂亮的东西。

人的价值观总是受控于累积的记忆，来自祖先乃至生命诞生之初的遗传基因所传递的信息造就了我们的价值观。人类凭借记忆，探索生命的奥秘，描绘未来。"GOM"系列带着人们对橡胶的记忆，如同影子一样存在于世界上。

与橡胶不同，柔软的材料总让人联想到自然中生生不息的万物。"GOM"系列中隐藏着这样的疑问：自然界中的万物都是如此柔和，为什么人造物会让人感到生硬？

有段时间，我总想建造一座能像人的身体一般伸缩自如的建筑或是城市。因为橡胶独特的触感，那段时间我特别迷恋它。"GOM"系列的形状如此简单，但是存在感却如此强烈，这之中所包含的种种值得玩味。

什么是黑

黑色饱含色情。雪白肌肤配上黑色的内衣，有一种高贵、让人难以接近的感觉，同时散发着欲望。黑色的含义如此之广，它既高贵又猥亵，让人不安。

若是将所有颜色的光混在一起，就变成了白色的光；若是将所有颜色混在一起，就变成了黑色。这么说来，这个世界不是白色的便是黑色的。

在基督教中，光是神的象征，代表着善；影是魔的象征，代表着恶。现代主义的设计和基督教闪烁着洁白光辉的价值观有些相似，日耳曼式极具理性的风格在审美意识上占了主导。

在我看来，"GOM"系列那不但没有光泽反而吸收所有光线的黑色，对于现代主义所倡导的审美观是一种抗拒。

不管在日本还是西方，正装或者丧服都是黑色的。黑在给人一种高贵感觉的同时，又是一种代表死亡的悲伤之色。

"GOM"系列几乎包含了黑色的所有含义。它高贵又猥亵，和地狱或死亡紧密相关，也符合日本关于黑暗和阴影的审美意识。

材质和形状

　　现代主义在建筑和设计上的普及破坏了日本独特的风格。现代主义的巅峰之作是1970年大阪世博会上的"造型与光影秀"。这场秀生动地展现了现代主义建筑与经济高速发展时期的华丽建筑。在那个重视视觉的时代，让人们重新认识到材质重要性的正是"GOM"系列；在那个塑料和金属的全盛时代，"GOM"系列的出现给现代主义带来了巨大冲击。

　　现在回想起来，"GOM"系列是日本审美意识的极佳体现。日本从前不太重视造型，而是重视材质。老式日本房屋的构成非常简单，但对作为建材的木头、纸和土等非常讲究。在服装方面也是一样。西方重视剪裁，但日本的服装大多是一个版型，注重的是布料、色彩和花纹。人们很重视与自然和谐相处，在审美意识中能和自然融为一体是一种很高的境界，与自然一同消亡也被认为是一种美。

　　"GOM"系列代表着日本在经济高速发展时期对传统审美意识的坚持。

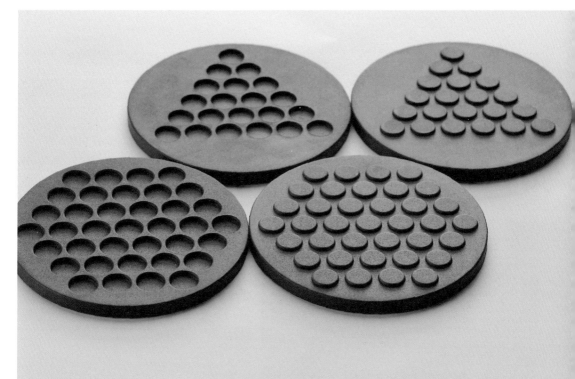

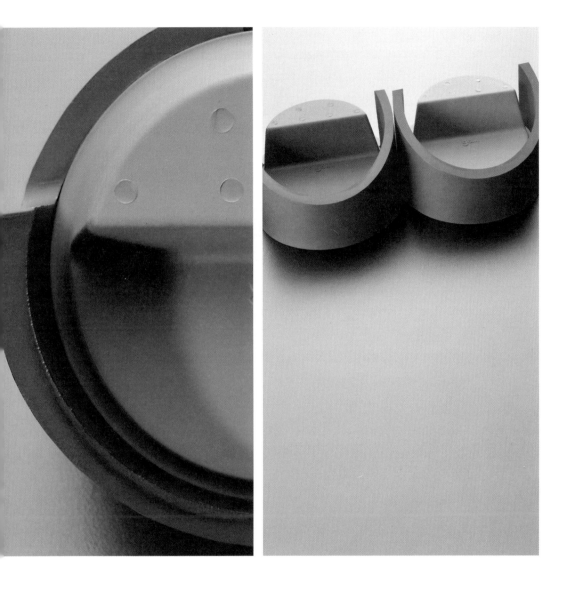

含义的冲突

　　一般我们看到柔软材料的时候，总会把它们设计成简单的形状，比如直线或者圆弧等。生物具有柔软的触感，并且各自具有有机形态。因为橡胶的触感也很柔软，所以我想或许可以用橡胶做出能够体现生物有机形态的东西。做了一些尝试后，结果我不是很满意：浑然天成的感觉没有了，反倒感到被玷污。后来我又想，如果将柔软的材料设计成相对硬朗的造型，也许会得到意外收获，就像雌雄同体一样。男性的身上散发女性的温柔，女性的身上散发男性的潇洒，我觉得只有这样带着些许冲突的设计，才能彰显我们这个时代的美。

　　一直以来，我认为美并不是所谓的和谐，而是在和谐被破坏的刹那间显现的东西。和谐给人安定感，但它的尽头依然是死亡。很多人都说，生命诞生于破坏的瞬间。研究表明，灾害的发生往往给予生命新的力量。勒内·托姆在他的著作中有这么一段关于母亲和孩子的话：母亲无论怎么苦口婆心地劝说孩子用心学习都无济于事；一旦母亲失去冷静，对孩子发脾气，孩子反而会被触动。我想这也是一种灾难的瞬间。

　　破坏性的瞬间往往包含着巨大的生命力。在设计中，和谐并不一定代表美。"GOM"系列的美，是柔软材质和硬朗造型产生冲突的美，是"破坏之美"。就如同雌雄同体一样，两极审美意识的冲突让"GOM"系列的美更加激昂。

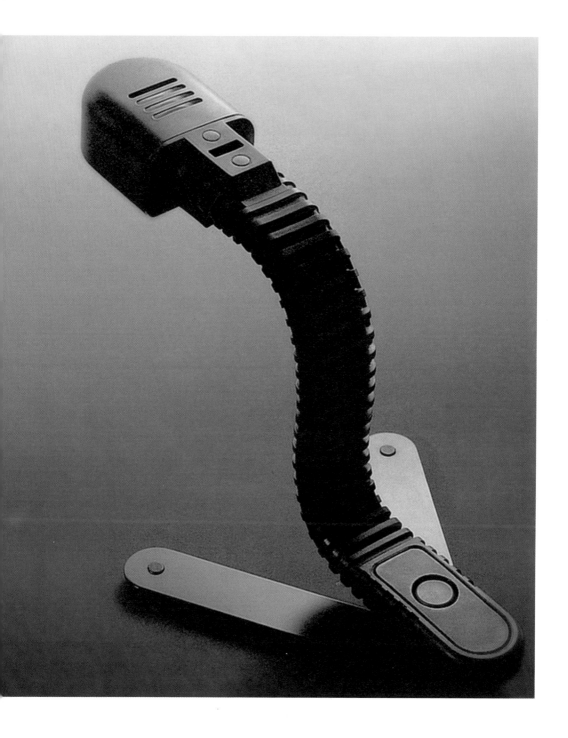

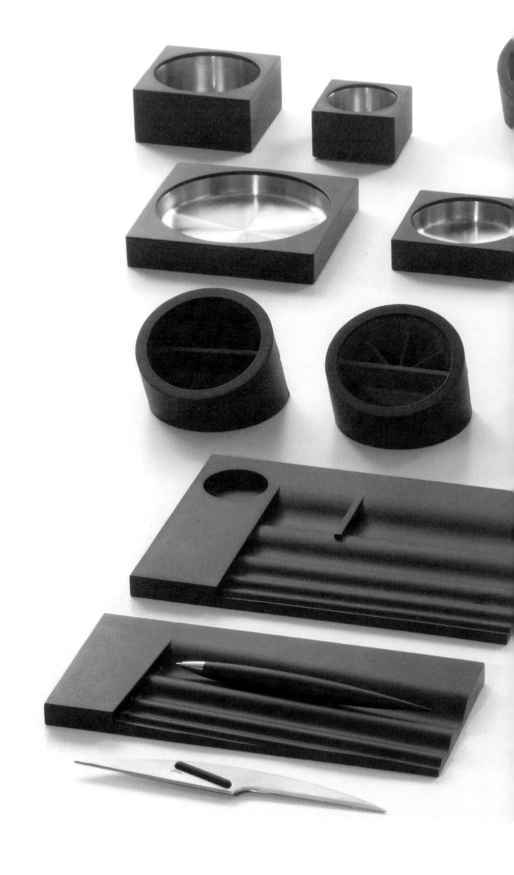

飘啊飘啊

轻薄孱弱的存在让人感到紧张，却能自由延伸。

我想谈谈轻薄与重量的关系。树叶在空中飘舞的样子有种无重力的感觉，蝴蝶在空中乘风飞舞也有种飘浮感，随风摆动的裙角是衣物和空气的小游戏——随风飘摇的形象是美的。不受自己意志控制，把身体交给强大的外力来支配，是一种自由自在的感觉。

张力给人一种紧张感，这种紧张来自内部。张力玄妙而宏大，好似一幅雄伟的全景图，朝着永恒前进，向着无限展开。

金属片有一种干脆的强韧。它不是飘浮的安稳，而是锐利的危险。

因为质轻所以飘浮，其中蕴含着做减法的美丽。"少即是多"，内容越少越好表达。在库布里克《2001太空漫游》当中出现的方尖碑，也是数学中绝对性的表现，或者说是在我们这个有机世界中逆流而上的、对人工意志和技术的主张。

轻薄的存在感在不同的材料和形状下有不同的表现，但它们都给人转瞬即逝的负面印象，又能做到自由自在的无限延伸。

橡胶椅子

　　橡胶的弹性和延展性让它在作为材料时就有了造型。这把椅子的力学结构其实是不合理的。奇怪的是，看上去像要垮了，实际上却好好的，总能保持自己的形状。好像懂得人心一样，故意耍一点小伎俩。飘摇不定的形状和橡胶这个材料之间的矛盾也别有一番风味。

03 玻璃

玻璃是易碎材料的代表。我们常常能在文学作品中读到"玻璃心"这样形容人心脆弱的说法。因为玻璃易碎，人们在处理的时候往往特别小心——人对易碎的东西和弱小的事物都有一种天生的怜悯之心。玻璃的那种透明感和光泽感如同冰一样，清澈透明，美得让人心碎。

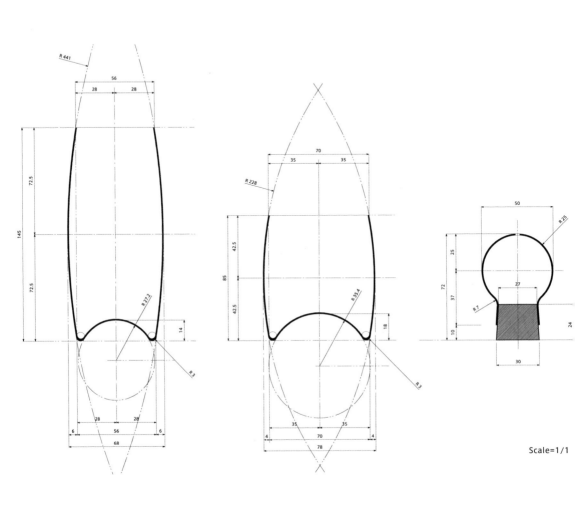

"气球"系列设计图（第 60~65 页图片均属"气球"系列）

手工制作的玻璃制品，成形于制作过程中的随意状态。以0.9毫米的超薄玻璃制作而成，给人易碎、虚幻的感觉。这种易碎的感觉能诱发人的怜惜之情，这也是美的一种形式。

　　普通的调味罐因罐身不透明而看不见内里放着何物，所以一般规定盖子上有一个孔的是盐罐，三个孔的是胡椒罐。"气球"系列调味罐的罐身是透明的，放在里面的东西一目了然。可以放入各式各样的调味品。

"穆拉诺"系列（第 66~71 页图片均属"穆拉诺"系列）

　　第一次喝大吟酿非常感动，决定设计一款清酒杯。为了做出这款清酒杯，我跑到意大利的穆拉诺岛做设计。杯子由威尼斯玻璃杯制造商CARLO MORETTI制作。设计的出发点是日本传统的猪口杯。在斜面上呈现波纹的形状，将酒倒映到眼前。著名的意大利穆拉诺玻璃能更好地展现大吟酿的酒色。为了表示对意大利葡萄酒的敬意，还制作了葡萄酒杯。这个作品集合了酒杯的记忆和未来。

记忆和梦

每一个人的心中都潜藏着对过去的记忆和对未来的梦想，人都是在这由过去到未来的循环里践行生命的全部意义。

即使是如今的年轻人，其记忆深处也掩埋着对过去风土人情的意识。即使没有切身体验，有些记忆也会深藏于心。所谓的"既视感"，听起来很神秘，大概就是基因的记忆。人类在当下的生活承载着过去庞大的记忆。

与此同时，我们总是怀抱希望，描绘梦想。梦想和希望都是对未来的愿景，所以未来生生不息。"活在当下"这个概念指活在由过去和未来展开的庞大时间轴之中。"潜藏身边的迹象和缝隙"说的是人周围所有的空间，与时间暧昧地混在一起晕开人生。

设计也自然拥有这样的广度。真诚地询问内心，分享心中的梦想，描绘蓝图，能获得的是深层的感动。

抓住过去不放会被说成没有勇气，和过去一刀两断又会被认为是一种逃避，那只有真心诚意地凝望过去才算得上勇敢。即使被过去所牵引，但还是朝着未来一步一步地前进，我认为是非常重要的。来自过去的残影、梦中对未来的预言——设计能在这样的回响中留下自己的影子。

说到头来，人是只能活在现在的。只是在这个现在中，囊括了浩瀚的过去和未来。我们一边让遥远的过去通过基因在体内流转，一边又在此时此刻让对未来的梦想和希望在身体里萌芽，这就是所谓的行动。

喜欢也好，不喜欢也好，设计这件事就是过去的记忆和未来的梦想的集合体。

为感动而设计

现在的设计师和教授大多会跟年轻人强调"设计的社会性"。"生态环保"和"持续发展"固然重要，但是在设计过程中人们容易忘记初衷——"生命的感动"。在我看来，在设计的世界里"闯荡"，忘记这一初衷是件很可怕的事。

社会一直告诉我们不要做坏事，却忽略了鼓励我们多做好事。有时候我常常想问："今天的你是为了什么而活呢？"诚然，人活着需要为他人着想，不给别人添麻烦，但是如果因此失去了对生活的感动是多么可惜。

钢琴家是为了讨好观众而演奏，还是为了歌颂内心的欢乐而演奏呢？对人来说，社会性是非常重要的一个方面，但是我觉得源自生命的快乐和感动更加重要。在此基础上，我们再去强调所谓的"不要污染地球"（生态性）、"不要伤害他人"（安全性）和"让更多的人快乐"（共生性）。

设计，甚至人的一生都是一首诗歌。我们的教育也不应该因社会性而放弃创造性。我们的政府、媒体、教育者，都不应该忘记，创造性才是最重要的。

冰杯（第 73~75 页图片均为冰杯）

螺旋

螺旋象征无限的轮回，循环往复，从过去到未来。

人生像一个螺旋，看上去在同一个地方打转，却潜伏着微小的变化。时间的流动也像螺旋一样，春夏秋冬每年来来去去，光景却不同。DNA的双螺旋中，孕育了一代又一代的基因。

在建造塔的时候，楼梯一般都呈螺旋状。圣家堂里，随着楼梯一层一层往上，窗外的风景也一点一点改变。这样细小的改变却能触及人的心底，给予人感动。塔也好，季节也好，人生也好，螺旋最美的地方就是能让人在这往复更迭中看到微小的变化。

我自己对螺旋、圆环、圆锥这样富含数学规则的几何形体非常感兴趣。从形状上来说，螺旋和圆锥之中都包含着没有终点的无限大。特别是圆锥，从一点开始延伸到圆形的断面，就像放射的线条一样，藏着很多含义。圆环的有趣之处在于它是两个空间的重合。外围的空间包含着自身和内部的空间。如果将环的一部分切断连接上另一个切断的圆环，一直连接下去就能得到一个螺旋。

螺旋另一个有趣的地方是，它能让人联想到时间，比如人们常说的"过去到未来的螺旋"。它本身又像弹簧一样伸缩自如：紧缩起来可以变成管状，完全拉直却又变成一条线，真是令人不可思议。

风与光之塔

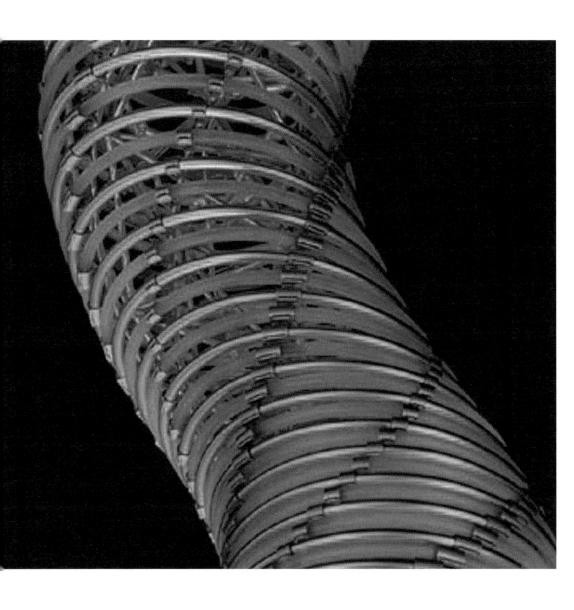

风与光之塔

　　风与光之塔是耸立在富山市站前广场上为纪念21世纪而建的塔。构造上使用三角形托架保持一定的距离依次排列，形成一个螺旋，呈扭曲的环形。富山的支柱产业是玻璃和铝，把这两种材料加工成直径2.4米的空心管，缠绕在20米高的铁质塔体上。弯曲的形状表现了螺旋上升的意境。看上去既像从天而降又像拔地而起。晚上会开启塔内部的LED灯和外部的射灯，同时开启脚下的喷泉。

04 瓷 ▸

　　白色的瓷是具有清洁感材料的代表。它表面光滑，给人一种正直、冷静、干净的印象，同生物的柔和与土壤的质朴相去甚远。它和玻璃属于同类，都是来自大地的材料。因为瓷的触感，我们常常用"像瓷一样"形容女性光洁细腻的肌肤。

里绘

轻为了重拾景德镇有千年历史的瓷器和瓷器画，将其展现给世界，我们启动了"JDZ"系列计划。

如今，无论是在欧洲、中国还是日本，我们很少能看到盛放食物的日常餐具内侧装饰有花纹图案。食物本身就是一件视觉上的艺术品，所以人们越来越偏爱白色的餐具。

在研究景德镇具有千年历史的瓷器画时，人们发现了"里绘"：在餐具的背面绘画，那么花纹就不会影响食物本身的艺术性。

仔细想想，"里绘"其实也是非常具有日本特征的文化。在日本，和服外褂的内里有非常精致的绘画；商店也往往是外观朴素，里面却装饰华丽。表面朴素、里面华丽的日本文化，就这么融入了诞生于景德镇的"JDZ"系列。这么说来，还是世阿弥的那句"秘则为花"。

"JDZ"系列（第 81~83 页图片均属"JDZ"系列）

　　编辑景德镇的千年记忆，使其在现代复苏——模仿拥有千年光辉历史的景德镇瓷器的纹饰，制作瓷盘。纹饰凝聚了景德镇的悠久历史和灿烂文化。由于菜肴才是烹饪的真正主角，所以只在瓷盘背面描绘花纹，雅致地展现烹饪者的内心世界。每件作品都是手工绘制，没有作品是相同的。"JDZ"系列由上海冷窑制造。

碗和盘子的起源

碗和盘子是最基本的餐具。我想最初的盘子应该就是木板（把木头切薄做成的餐具），是专门盛放固体食物的餐具。最初的碗应该就是我们的双手——双手并拢掬水入口——然后演变为半个椰子，进而使用由土或是木头制成的器具。

碗是用手端起、把食物送入口中的餐具，所以手感和口感尤为重要。盘子是放在石头或地面上用来保持食物洁净的餐具。

"盘子文化"诞生于西方，日本则孕育了"碗文化"。西方没有诞生"筷子文化"，是因为西方人在就餐时是不会将盘子拿在手上的，而是使用刀叉和勺子将食物送入口中。而在日本文化中，由于碗可以一直拿到嘴边，所以诞生了筷子。

碗变得大了就成了钵或是饭盒[1]。饭盒是碗的延伸，而钵可以是盘子的进化。因为碗的雏形是人的双手，一般不会超过手的大小。

盘子放在桌上，是桌子的一部分；而碗拿在手上，与人身体的感觉息息相关。所以碗的重量、形状和材质都非常重要。虽然碗和盘子都是盛装饭菜的餐具，但仔细想来，碗本身蕴含着更深的含义。碗和盘子是所有器皿的起源。

---

1 此处特指日本盛饭或面的餐具。

"PLPL"系列（第 85~89 页图片均属"PLPL"系列）

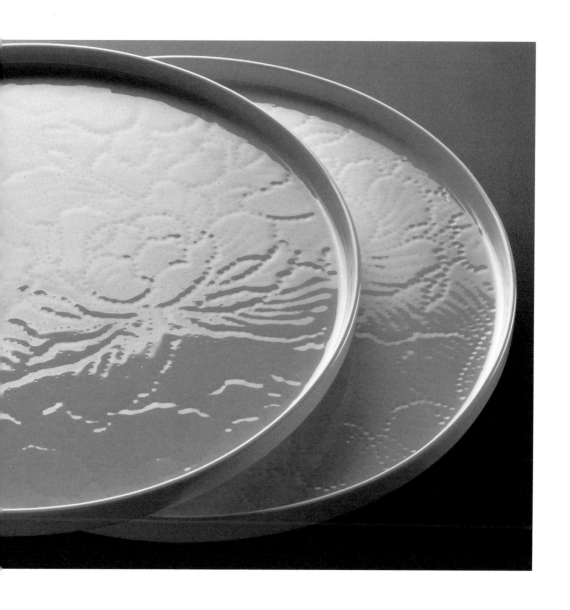

　　"PLPL" 系列是凭借多治见山合拥有的卓越制瓷技术制成的。这些作品受到"碗始于手掌，盘子源于树叶"的思想启发，构思而成。

再生的智慧——世代相传的城市

我最近一直在想关东大地震的事情。在过去的两个月里，我与受灾者感同身受。最近，我意识到虽然忙碌，创作方面却没什么成果，这方面的工作完全停滞了。这样不行，这种时候更需要充满活力，回归日常生活。

关于再生的智慧，我思考了很多。我认为城市建设具有两面性。一方面是硬件建设，即房屋、道路、公共基础设施等的建设；另一方面是软件建设，即必要的居民共同体的建设。这两者是相辅相成、互相影响的。城市建设一方面可以让原有共同体更加完善，另一方面可以充分发挥原有共同体的作用，并在此基础上构建新共同体。这两方面是城市建设的关键。

在这样惨烈的灾害之后，我们应该考虑到底怎么做才是正确的。我听到有人说应该把这次的灾害当作一个机会，建设更好的新城市，组建更好的新共同体。我不赞同这样的观点。这场灾害严重破坏了家人间的羁绊、城市的凝聚力，因此我觉得首先要做的是"恢复"。灾难过后人们都在想些什么呢？一定担心着家人和朋友。我们应该珍惜这样的心情。人和人是紧密相连的，想要通过灾后重建强行构建全新的人际关系，在我看来完全是旁观者的随意想法。

另外我认为一座城市的光景应该由住在这座城市中的人们描绘。建筑师也好，政府也罢，虽然都很专业，但是能否正确地构建城市共同体是个问题。在本质上，人是通过自己皮肤的感觉和别人建立联系的。而且，我认为本就不存在"正确"的共同体，只存在"美好"的共同体。并且，这种"美好"只有通过住在那儿的人才能够实现。

谈谈结论吧：我觉得灾后重建最好能够为受灾者再现灾前的样子。思考原来从这里看出去能看见些什么，然后将其再现出来就好。当然，完全的再现是不可能的，并且在再现的途中会发现有很多新的难点需要突破。所以这样一来也能弥补以前的一些不足，不是吗？重要的是人们从零开始，在一直生活的这片土地上再次建造起自己的家。

邻里之间和睦相处，用自己的身体去感受周围的人。有时候虽然会产生一些小争执，但这都是再正常不过的事情。作为政府更不应该抛开居民去制订计划，而应该引导居民自发地建设自己的家园。

这就是灾后重建、共同体重聚给我们带来的智慧。不是利用灾后重建复兴一个城市，而是让城市，让我们的共同体能够继续发展下去。

弗兰克·劳埃德·赖特[1]曾说，一个建筑物应该与大自然和谐协调，就像从大自然里长出来似的。我们的城市也一样，要让它与居住在其中的人、环境等相协调。

---

1 弗兰克·劳埃德·赖特（Frank Lloyd Wright），美国建筑师、室内设计师、作家、教育家。

05 软木 ▸

　　软木的触感就像是闭着眼睛触摸女人肌肤一样，柔软而有适度的弹性。软木来自橡树死去的树皮，所以生产软木并不会伤害树木，每隔9年将死去的树皮剥下使用即可。这种类似皮革的柔软触感散发着自然的温暖，很难找到其他的同类材料。

"躯干"系列（第 92~97 页图片均属"躯干"系列）

软木是树木枯死的树皮，是一种富有弹性且手感极软的材料。因为厚度只有60毫米左右，所以软木只有两种形态：一种是以原样切割的天然软木片，另一种是将切成木屑的软木压缩成块的压缩软木。

"躯干"系列使用了这两种形态的软木。其中的"自然"系列用不会因潮湿而反翘的压缩软木作芯，在两面贴上天然软木片；"按摩"系列则是在压缩软木板上涂上一层漆。

躯干

　　日本的女性腿不长，躯干相对较长。和西方女性的长手长脚对比，似乎"输了"。可是也并不能说日本人就不美。西方审美比较重视视觉上的比例协调，日本人看的是全身的层次美。有时候我也会想，难道日本女性的美就止步于层次美了吗？美的极限也不是只用看就能感受到的，通过触摸才能完全体会胴体之美。

　　人的身体简单来说，就是躯干加上手脚和头部。要是争论到底头和躯干哪个更重要，肯定也是众说纷纭。就我看来，躯干是人的根本所在。诚然，一目了然的脸部，以及说话的嘴巴、听声音的耳朵、闻气味的鼻子这些主要的感觉器官，都长在头上。除此之外，处理感官和做判断的大脑也长在头部。这么想来，头才是保存每一个人身份的部分。但是不谈独立的个性，人类存在的本质还是躯干。

　　请不要误会，我并没有切断人体这样奇怪的爱好。我只是想就躯干这件事情单纯谈谈自己的看法。

　　人的脸上写满了这个人的个性。常能看到人体头部的雕像，但是头部雕像会被归到肖像类别。但是如果只有躯干，那就成了一个作品。因为只有躯干，强烈的个性就消失了，变成了广义上的人体美的表现。

　　躯干上长出的手，应该算是装备在躯干上用来应对各式作业的工具；腿脚就像汽车的车轮一样让人可以移动，也是用途明确的工具。头部用来吸收各类信息，并像电脑一样对其进行处理，那么头部不也是一种工具吗？这么说来，躯干才是承载一切工具的人类本体。躯干里装着所有的内脏、所有生命现象的集合，加上手足工具和操作信息的大脑，就成了完整的人。

　　躯干上集合了人类所有的美。不管男女，其身体的曲线都是一体形成的，凸起和凹陷都十分戏剧化。骨骼作为内部构造，通过适度的突出给予光影变化；骨肉之间的关系也十分玄妙，乳房和臀部的凸起色情又美丽，不仅是视觉享受的对象，更诱惑着触觉和嗅觉等其他感官。通过拥抱和触摸，手能感受到其形态和质感。

　　现在我能理解很多雕塑家为什么会制作躯干雕塑。裸体雕塑的魅力不在手足和头部，而在躯干。

　　曾经有一位钢琴家听了我这些关于躯干的话后激动地说："这就是巴洛克音乐！"我好像明白了：原来这躯干的美是巴洛克。

再谈"情"

最近我一直在思考有关"情"的事情。爱情只是情的一部分。情的含义其实更为广泛：殉情、情人、情夫、情妇、情欲、情爱、情意、情义、情火、情歌、情变、情感、情况、情景、交情、情事、情趣、情绪、情势、情操、情想、情痴、情动、无情、热情、情报、人情味、情理、情话、情仇、同情、深情等。日本人深爱着"情"。

情比爱更深沉。在基督教的影响下，百分之九十五的欧洲被"爱"笼罩；而日本人是在"情"的影响下长大的。

我记得父亲曾跟我说："你妈妈的脚底很湿。"那一瞬间我感受到了父亲对母亲深深的情意。我认为父亲的那句话所表达的并不是对母亲的爱，而是情。我常想，"爱"也许是一种旁人看得见的感情，而情则是能在大家心中唤起共鸣的感情。所以爱会断，情不会绝。我说的这种"情"是东亚美学中重要的一环。

06 铝合金 ▸

铝散发着一种令人惊奇的光泽。虽然色彩是银灰色，但是其散发的光泽好像维也纳的天空。铝合金材质轻盈、易成型，还有一种未来感，现代建筑可以说是和这种金属一同登场的。适度的亚光十分具有现代感。

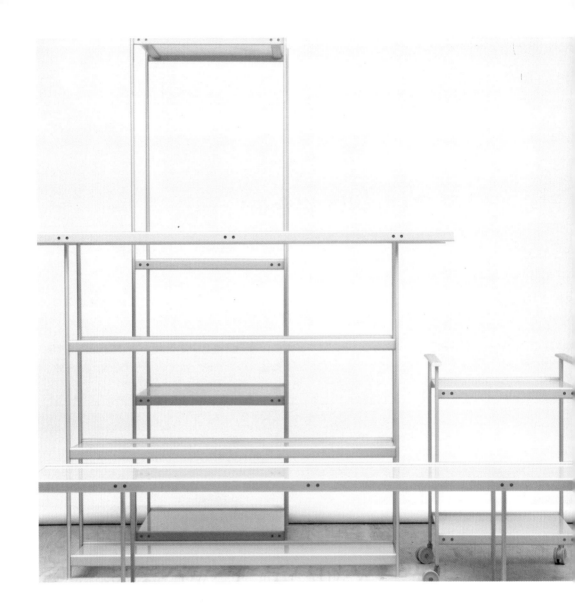

T 结构组合标件

    T结构组合标件是由模压成型的铝质部件组成的一般结构，能够制作各类组合产品。我们把搁板和手推车作为标准产品进行了商品化，之后还会追加椅子、桌子等产品。同时期待大家踊跃地加入创作行列。

该作品的创意诞生于1974年。作品只在展览会上展出过一次。后来虽然联系过生产企业，但始终未能使之商品化。

1984年我同日本轻金属株式会社副社长就铝之美有过热烈交谈。那一次的交谈促使我开始"发掘并展现铝之美"。我邀请仓吴史郎先生和喜多俊之先生加入这项工程，我们三人的姓氏首字母都是K，我们三个"K"如奇迹般集合在一起。当我们推出自己的产品时，石冈瑛子女士也加入我们，制作了铝条标识。

T结构组合标件已是第三次展出，横切面经过反复加工、打磨后日臻完美。虽然还可以设计出其他款式，但我们还是决定先推出架子和小推车。

C 型桌

C型桌这一概念诞生于2004年。当时，一个进口家具公司提议尝试制作这种桌子，却在最后阶段停止了该计划，理由是铝的表面不够光滑。这种不光滑虽然很有意思，但是顾客不太能接受。

这款桌子宽约1米，长约2米，桌面为铝质，桌脚为管式，构造非常简单。计划停止后，作为试制品的桌子一直放在工作室。有一天贾斯珀·莫里森[1]来工作室，对这张桌子很感兴趣，非常仔细地观察研究。我给他讲了事情的经过后，他脱口而出："黑川先生，在桌子表面涂一层漆不就行了吗？"听了他的话，我茅塞顿开。我就是因为喜欢铸铝件才参与这个项目的，而他这句话为我打开了全新的一扇门。那一瞬间，"METAPH"系列便启动了，贾斯珀的这句话催生了这个系列。

---

1 贾斯珀·莫里森（Jasper Morrison），著名英国工业设计师。

铸铝椅

　　将铝合金压铸成型的材料切断，让断面之间互呈90度以螺栓连接。为了方便连接，铝材上预先设有螺栓孔，加上螺丝就能互相连接。在大都会艺术博物馆、丹佛艺术博物馆常设展展出。

　　与通常的T型连接不同，采用万字（卍）连接。连接角度呈90度，从而形成立体的万字。

"METAPH"系列桌子（第 105~107 页图片均为"METAPH"系列桌子）

    这件作品来自加贺藩金属铸造技术的发源地高冈。此款桌子桌面材质为铸铝，桌腿为钢。从小桌子到餐桌，种类齐全。小桌子只具备最基本的功能——一张简单的桌面，甚至都无法支撑臂肘，紧邻椅子摆放，对生活略尽微薄之力。我们还准备了一些可供选择的附加功能，比如桌子下面配套的储物架和桌面上的附加台面。储物架可以放置在起居室沙发旁，上层可以放烟灰缸、咖啡等，便于私人使用，下层可以放电视机遥控器、报刊信件等，不会碍手碍脚。桌面上的附加台面，作用同茶盘，从厨房端来的咖啡等饮料，可以放在附加台面上。

"METAPH"系列钟

用铝铸造的钟。有的钟背面涂上了荧光漆，可以将自然光和灯光反射到墙上。

DELHI 腕表

腕表表壳使用铝质材料，特点是轻巧。

仿家具

K公司的商品都是杂货。在翻译的时候，杂货这个词很难找到一个合适的英文翻译。仔细想一想，日语的语感其实非常有意思，就"杂"这个词来说：杂音、杂货、杂学、杂感、杂记、杂居、杂鱼、杂菌、杂事、杂言、杂志、杂煮、杂食、杂炊、杂草、杂题、杂谈、杂沓、杂念、杂费、杂务、杂木、杂役、杂用……

"杂"往往给人一种乱的感觉，而这样的乱让我觉得很有趣：杂交的狗很少生病；杂志是信息量最大、最新鲜的传统媒体；有"无视杂鱼"的比喻；杂学总被轻视却能得出重要的研究；杂炊中什么都能放，富有个性。概括地说，都是一边被人轻视一边却又不容小视的东西。混沌之中自有强大的生命力，这一点无论是谁都难以否认。我认为"杂"就是这样的存在，"杂货"同理。

在K公司能买到杂货，但买不到家具。可在杂货之中，也有几件像家具的东西，比如T结构组合标件、"METAPH"系列和"SUKI+"系列。

它们都被我叫作"仿家具"，因为在我看来它们并没有家具那种气派的、作为家具的存在感，取而代之的是自由变形组合的自在感。"SUKI+"系列是木质的，T结构组合标件、"METAPH"系列以金属（铝合金）作为主材料；都是小型轻量、运输便利的物品。

家具一直给人体积大、占空间的印象，所以我想制作一种小型的、几乎称不上家具的家具。尝试的结果就是约翰与玛丽椅子。它的尺寸虽然只有20厘米，但是什么样身材的人都能坐，因为即使是身材肥胖的人，坐骨一般也在20厘米以内。

我想今后也会在K公司的产品线内增加更多这样的"仿家具"。它们能够适应其他品牌的家具，置于其中不会有违和感。有一种在家居摆设中"打游击战"、能屈能伸的感觉。

LIBRO 书柜

用铝的边角料制成，可以做成联排书柜。

万字

逆行而上，相互连接、相互补充的图形。

万字书写成"卍"，是一个相互连接的组合图形。这个几何图形在平面上被运用到不同的方面。三维空间中的万字也很有意思：虽然造型上是封闭的，却能像积木一样无限延伸。日本传统的鬼脚图[1]由横线和竖线构成，其中根据需要可以增加横线也可以增加竖线。和立体的万字形成的封闭空间不一样，它是开放的。立体万字构成的是封闭系统，鬼脚图构成的是开放系统。

用双手手心握住饭团施力给予其造型，所用的力道就好像手中握住一只小鸟，它逃不走却又不至于被杀死。饭团是我某个包装的原型，这种造型也属于封闭系统。

设计是造型的语言，所以几何学对设计来说非常重要。球体、正四面体、正六面体、柏拉图多面体……这些美丽的几何图形，通过不同的方式在设计中体现出来。就形体来说，完美的几何图形和人类等生物的不规则造型相去甚远；但就设计来说，无非是在生物形体和几何形体之间根据需要选择。选择几何图形，就意味着以其合理性为中心展开设计；选择生物造型，就意味着重视有机的存在感，以人的心情为优先、生产性为其次展开设计。

选择几何图形的构成，用心地研究图形的规则，其中蕴含的诗意能在这件作品中体现出来。完成一件设计，将它像一首诗一样传达到人们心中，这一点是非常重要的。

---

1 鬼脚图，是一种由横竖线构成的图样，常常用于抽签或者分配组合。

立体万字

在一套部件上改变其他部件的组合角度就能形成直角、T形。本结构就是通过这种方法制成的。只要遵守这种规则，就能制作各种构造的产品。

关节灯

　　用铰链将两个椭圆形聚丙烯板材连接而成的照明器具。将椭圆形管以45度角切下，其切断面呈圆形。将两个椭圆形稍稍错开连接，从而产生立体美。这个创意最初是在设计包时产生的，现用于照明器具上。曾在巴黎举办的日本设计展上展出。

给人类的警告

真是惊天动地！地球一直不断经历着地震。但是随着地震而来的30米高的海啸，以及之后的核泄漏事故对日本造成了极大的影响。来自世界各地的人们一瞬间全部逃离了日本。核辐射实在是太可怕了！人们心里肯定都觉得日本是一个大地在晃动，天上飘着核辐射的国家。日本就这样从一个极具异域风情的东亚小岛变成了一方四处飘散核污染的土地。

不仅如此，全日本的企业也停摆了。因为缺少零件，散布在世界各地的丰田工厂全部停产。平常喜欢去的餐厅、商店全部关门。想做顿饭，超市和菜场也都因为供给不足而关闭，短期内也没有重新开业的可能。各个公司都在全力减少用电量。虽然很难做到，但人们在现实面前不得不低头。

收不到邮件，也没有客人，日程表上的安排可以说是少之又少。原计划要去中国参加作品展或担任比赛评委，计划前往韩国首尔参加国际会议，却只能在国内待着不动。昨天鸟居由纪[1]的时装秀也只能在自己的展示厅里小规模地举行。每年在秀后的聚餐也取消了。一切虽说都在顺利进行，但是心中不免有一丝悲凉。

即使到现在，还有很多人非常痛苦和悲伤。死亡人数接近3万！如果说这3万人里面每个人都有10人左右的亲人和朋友，那就是说近30万人活在失去亲友的悲痛之中。一个家庭如果失去了顶梁柱，可能往后生活就都要在悲伤中度过了。

要怎么去重建呢？为了不重蹈覆辙，要怎么做才好呢？可能我们真的做错了，而这种悲伤或许就是大自然给骄傲人类的警告：自然是不可战胜的。日本人自称深知大自然的伟大，却也落得这么个狼狈相。那么灾后重建中就一定要体现我们对自然的尊重。

江户时代，虽然发生了好几次重大火灾事故，人们依然在建造易燃的房子和城市。这么想来，毁灭或许是这座城市自找的。

大家都知道海啸是不能战胜的。让海啸自然流淌不好吗？把房子建在山上，把城市建在远离港口的地方，就算海啸来了，就让它这么流走就行了。即使房子被冲走了，也不会有人死去。这样一来，只要把重要之物放在高处，海啸过后通过保险公司理赔，很快就能在原来的地方重建家园。把自己交给浪潮，遵循大自然的规律，倒了再站起来不也很好吗？

不管多么坚固的建筑或是堤坝，都会被冲走。这是从这次的地震以及后来的各种可怕灾难中吸取的教训。我们应该向柳树学习如何在顺应自然规律的同时强韧地生存下去。

自然中并不是只有美。有时候自然会变作一头可怕的猛兽，会做出很多可怕的事情。人的生老病死也不过是自然规律中的一环而已。

这次的灾难真的让我们吸取了不少教训。

---

1 鸟居由纪（Torii Yuki），日本著名服装设计师。

07 栎木 ▶

栎树在日本非常常见，属于落叶树，遍布关东武藏野。传统的日本建筑大多使用柏木和杉木，栎木则大多用于现代家具制造。栎木外表朴实而纤细，作为木材它给现代人一种清新自然的感觉。

气与间

　　人和物散发各自的"气"，在相互感受对保持合适的"间"而共存。

　　"气"就是所谓的氛围。当后面有人靠近的时候，明明看不见却能感受到这个人的氛围。这不是视觉，而是一种身体感觉。人与人之间靠得太近，各自散发的氛围互相卷入，容易感到不舒服。不仅人，每件物品都有自己的氛围，氛围作为人和物的一部分时刻存在。

　　人的皮肤也好，物的外壳也好，都不是封闭的存在。它们的存在反而会因为氛围的变化而变得模糊，因为外部环境的改变而变得薄弱。

　　因为每个人都会散发一种氛围，所以就需要注意和他人的距离。太近或太远都不行，一定要适中。而这种距离的保持对于人来说是无意识的。这种距离在空间上就是空隙。

　　女性的性感也好，人所具有的气魄也好，都是氛围。人身上的生命力这种无法解释的力量也是氛围。

　　物也有自己的氛围，比如说优秀的设计就有特别舒服的氛围。物体不只是本身，周围的空气也是它的一部分。

　　所以在明白了氛围之后，空隙这个概念就变得简单了。村落中的房子会间隔一定的距离设置。和城市不一样的是，村落并没有整体规划，它是由各个家庭相互考虑彼此之间的距离而自发建造的。这样的集群不具有全体性。而日本社会中人与人之间的关系好像就是这个样子。道义、伦理、人情、荣辱这些对他人的感情支配着整个社会的人际关系。这和西方社会由神明决定正邪不一样，和法律决定对错也没有关系。这个社会说到底就是人与人之间相互注意的结果。人也好，物也好，都是一边注意彼此的氛围，一边共存。

　　所以物的设计就是氛围的设计，也是物和物之间空隙的设计。"气"与"间"是物体和空间之间重要的表现手段。

"SUKI"系列椅子三态（第 119~121 页图片均为"SUKI"系列椅子三态）

日本的住宅文化是由地板开始的，而西方则是由椅子开始的。因此，在日本的住宅文化中家具并不是必需品。"椅子三态"这一设计是将椅子写入日本的住宅文化的尝试。

椅子

椅子的背面好像父亲的背影，正面却像在对你说："怎么样，要坐吗？"如果说从后面看椅子是物体，从前面看就是空间。

椅子被认为属于建筑，可能就是因为它有这前后两面性。历史上所有伟大的建筑师都拥有自己的椅子。所以我也不免俗地想着，希望有一天能做出一把杰出的椅子留在这世上。

也可以说椅子的前面是室内设计和建筑设计，后面是产品设计。建筑设计是在内部创造空间，产品设计是在周围创造空间。椅子本身包含了这两种空间。建筑的空间是被包围的空间，是围绕人的空间；产品的空间是陪伴性的空间，它不创造空间，而是给人和周边一种氛围。材料和形态赋予产品多种多样的性格，唤起人们各式各样的感觉。

而当两个以上的产品放在一起的时候，其氛围相互作用会产生空隙。使用各种家具进行室内设计实际上就是设计"空隙"。椅子是一个意味深长的存在。

"SUKI"系列（第 123~129 页图片均属"SUKI"系列）

"SUKI"系列桌子

在创作"SUKI"系列时，设计了这张餐桌。利用相同尺寸的板材，从三个方向固定住桌子。

椅子和住宅

在家具中，椅子是种特别的存在。它既具有容纳人的空间性，还具有能携带的物性。可以说，椅子是具有建筑和产品两面性的存在。

在建筑中，住宅是不一样的存在。人们在其中相爱，繁育后代。此外，住宅不像办公室、工场、商店那般带有明确的目的。椅子和人紧密相关，住宅和人同样密不可分。

这两者具有哲学性，可以说"椅子是小型住宅，而住宅则是大型的椅子"。

椅子、桌子和屏风

人在空荡荡的房间里难免会觉得不安。如果在空荡房间的一角有一把椅子，只是坐在那儿就能松一口气。椅子就是这样一种能让人松一口气的工具。可是如果光是松一口气，生活并不能前进。所以在椅子前摆一张桌子，人们在桌上放上咖啡、酒之类的东西，生活就开始了。看书的时候，桌子也能起到很大作用。只要有桌子和椅子，就能创造生活的空间。但是，人在流动性过大的空间里是没有办法静下心来的。所以人们往往会在空旷的空间中放置一扇屏风，这样人就感到安心。空间时刻都在影响着人们。椅子、桌子和屏风，它们都是创造空间的重要工具。

"SUKI+"系列

  NEXTMARUNI的再编辑作品——根据日本的审美意识而设计的椅子和桌子。自从以"请根据日本的审美意识设计椅子和桌子"的主题向全世界设计师公开募集作品以来,扶手椅、睡椅、桌子的数量以及种类都在不断增加。本作品是将NEXTMARUNI的"SUKI+"系列椅子座位更换成其他材质的部件制成的产品。最初的作品是将座位部分彩色化,之后将加上皮革、软海绵椅座。

再生的智慧——建造和自然共存之城，建造让海浪冲走的城

灾后重建时，我们肯定都会想建造一座不会再被地震和海啸破坏的城市。希望建设一座"再也不会受灾的城市"、一座"再也不会有人失去生命的城市"是很自然的事。这座城市，我想应该会是一座"尊敬自然力量的城市"，而不是一座想方设法对抗自然的城市。人类是自然的一部分，我们都知道自己活在大自然的强大威力之下。

大树之所以在台风中不会轻易倒下是因为树木会随风摇摆，而不是去抵抗风的力量。即使最后被刮倒折断，也是顺应自然的一种形式。树枝被折断了，保护了树木的主干；一棵树倒了，保护了一座森林。大自然如此伟大，因此想要与之对抗是万万不能的。日本自古以来就具有这样的自然观念。

重建的新城即使再被地震或是海啸破坏了又怎样呢？我觉得只要住在里面的人不会失去生命，房子倒了也好，被冲走了也罢，都没有关系。

绝对不要试图去建设一座一定能战胜地震和海啸的钢铁之城。不要陷入地震恐惧症和海啸恐惧症的深渊。不要忘了，大自然不是只有地震和海啸，悦耳的鸟鸣、让人感动的夕阳、拂面的清风……这些美丽的事物都是大自然的恩惠。人们总是因为受到伤害就讨厌大自然。可是我们每个人都身在自然之中，更应该考虑的是如何好好生存下去。

一位印第安酋长说过："今天是死的好日子。"他也说过："一棵树、一粒石、一个人，他们在想什么我都知道。因为很久很久以前，我们都来自同一个地方。"

并不只有印第安人是这样，我们每个人都属于自然统一体。不知道从何时开始，人类觉得自己不再属于这个统一体，觉得自己很特别，所以对自然进行加工，利用核能发电……多么骄傲自大！

所以，我们在重建中，一方面需要努力地防止城市再次被台风、地震和海啸破坏；另一方面也应该考虑到最终一切都会被冲走、被震垮这一事实。不要破坏美丽的港口去建造巨大的堤，不要建造坚不可摧的房。我希望大家能好好思考一下。下一次的大海啸可能是百年之后，也可能是几十年之后，近几年应该不会再发生类似事件了。所以为什么要花巨额的资金去建造不能保证安全的防浪堤呢？我个人无法想象一座30米高的海啸都无法破坏的防浪堤会是什么样子。但可以肯定的是，它一定不会好看。暂且不说要花费巨额资金，巨堤的建造也会破坏周围的生态系统，还会改变风和海水的流向，更会破坏我们的心。

与其把这么大一笔钱投入到防浪堤中，还不如用这笔钱设置一个保险。我们可以设置一个让人们能够重新建立自己家园的保险。房子垮了，被冲走了，能从保险中得到足够重建的钱，这样难道不好吗？我一直觉得人是不会变的。不管科学技术怎么发达，人都不会变。但我们可以努力从"不变的人"成长为"倒下后还能重新站起来的人"。

所以让我们建造一座即使被冲走也不会有人丧生的城。就像柳枝被风吹动一样，顺应自然的威力就好。让我们一起寻找这样的智慧。

08 皮革 ▶

　　动物皮革自古以来就被广泛运用于制作马具、服装、鞋帽等。同样作为动物的人类，对动物皮革有一种没有理由的亲密感。很大程度上，这是由人对材料的身体感觉所致。书籍封面、书桌的写字垫板、家具的坐垫等，在制作这些和人的触感紧密相关的东西的时候，皮革是一种非常好的材料。

想要成为椅子的坐垫

这是一把矮矮胖胖、圆圆的、像小象一样的椅子。椅子的四条腿也胖胖的，延伸到整个背部，形状像一个翘起的臀部，坐下去的时候老会想着摸一下。

树桩也好，路旁的石头也罢，只要高度适当，都能用作椅子。虽说只要是能坐的就能称得上椅子，但是椅子的设计却并不简单。

这把椅子的设计构想始于20多年前。当时，MINERVA公司尝试将这款椅子制作了出来，但就这么一直堆放在仓库里。一天，一个不认识的人看到了这把椅子的照片，很是心动。在他和当时负责制作这把椅子的宫本先生协商之后，MINERVA公司决定将它再次商品化。所以我总觉得这把椅子有点不可思议。

我已经不记得那个时候为什么做了一把形状如小象一般的椅子了，但是我在认真回顾之后意识到了一个秘密：我当时想做的是"想变成椅子的坐垫"。

日本其实是没有家具历史的。家具是供像西方人那般进门不脱鞋者坐下来休息用的。在日本，走进家门，在玄关脱下外衣，进屋踩在地板上，再在地板上面铺设一个榻榻米，便既可以行走，又能滚来滚去。睡觉的时候铺上床垫，坐着的时候则摆上坐垫。这么看来，日本的家庭的确不太需要椅子。

榻榻米其实是一种非常巧妙的材料。在上面吃饭也不会觉得不舒服，放一个坐垫坐着也没有什么问题。得益于榻榻米的存在，此前，日本家庭中并没有椅子。

近代，随着西式椅子和床的引进，出于合理性的考虑以及个人喜好，日本开始出现"和式"和"洋式"两种不同的生活方式。那么，对于根本没有椅子历史的日本来说，怎么去制作一把日本的椅子呢？

当时的我应该是想把椅子的想法融入坐垫当中，才做出了这把椅子。"想成为椅子的坐垫"这一解释我自己很喜欢。在设计中，我们常需要解释构想，像这样更贴近本原的解释更易接受。我也可以在解释的时候说："我当时是比照希腊神庙的柱子制作的。"但还是不必如此。

设计不是从理论中诞生的。复杂的思考和设计师本人的喜好微妙地重叠在一起，无意识地融入设计。想要知道自己的设计是怎么做出来的，必须深入到自己的意识和记忆当中慢慢寻找和解剖，最后一定会找到自己能接受的答案。所以说，没有人能够知道一个设计的真正含义。

不过我自己对"想成为椅子的坐垫"这个解释非常满意。要是有谁问我，我一定会如是回答。

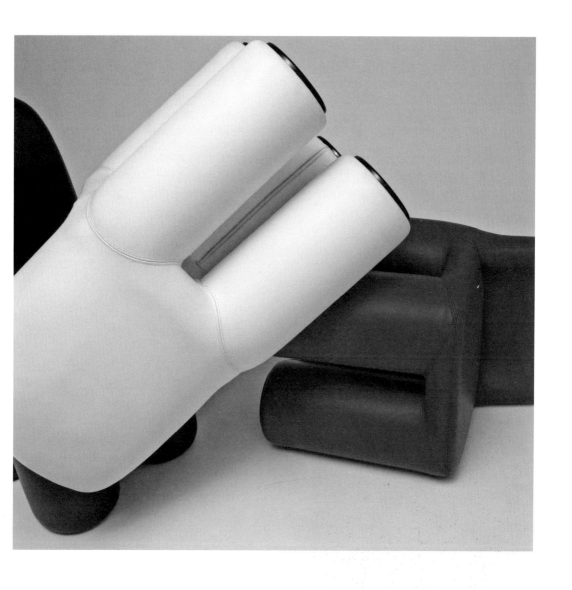

"ZO"系列（第 137~139 页图片均属 "ZO" 系列）

    因为是小椅子，所以它并不奢华。小椅子却有了大象的造型，这种颠覆的印象是个圈套。它是一把和毛绒玩具一样柔软可爱的小椅子。设计具有吸引人心的使命。教会给人庄重神圣的感觉，住宅要拥有家庭和谐的氛围——这样理所当然的既有印象时刻都在摧残着建筑与设计。设计是同人的交流，所以它并不只是单方面的传达，还要做到刺激人的想象力，让人得到共鸣，让接受者也参与创作。

圈套

有时让人在意，有时背叛人的期待，从不表现真实，善于欺骗。

有时很奇怪，当期待被背叛的时候，反倒让人有些感动。这就是圈套。我认为创造就是打破所有既有观念的过程。在这个过程中，自己将内心的想法一点一点地破坏。圈套就是这样破坏人的想法，用背叛期待的做法打破既有观念，让人得以看到创造的感动。设计这件事，也可以说是一个圈套。

设圈套的人是欺诈者，那设计就是一个欺诈行为。

将户外做得像室内一样，让两层楼看起来像三层一样……创作常常会回避普通的东西。谁都不想做别的设计师做过的东西。以不想模仿作为理由，努力探索全新的体验。感动就蕴含在这从来没见过的东西之中。在日常生活中也能发现很多圈套。女性的化妆打扮是这样，为了让房子看起来更大或者人看上去更高所下的功夫是这样。设计并不是表现真实，而是宛如欺诈一般的加工和创作。

有时候我想：人是不是为了美而活的呢？这重重的圈套也许就是追寻美的结果。

人虽然看上去都渴求安心与稳定，但实际上并不是这样，人随时都在追求颠覆安心的刺激。正因为有死亡在对岸等着，这样的刺激才会让生命更显得有力。

"ZO" 系列躺椅

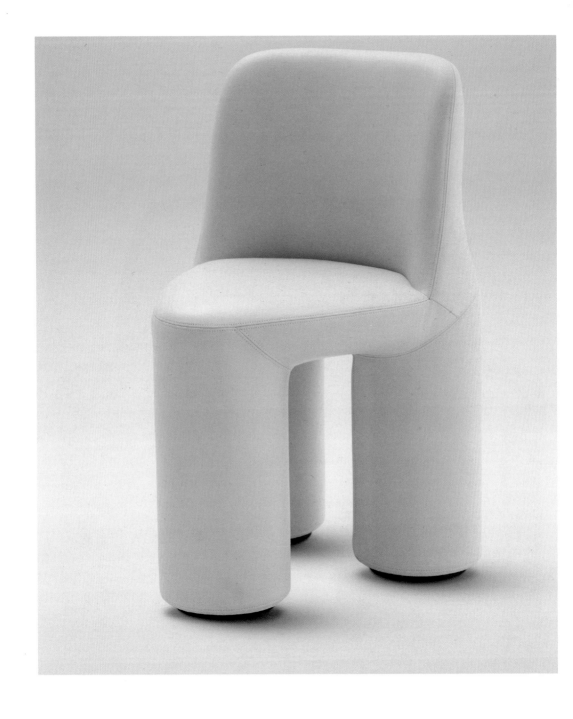

"ZO" 系列三足椅

09 硅胶 ▶

　　有弹性、柔软，还兼具透明感的材料，除了硅胶
真的找不到了。它拥有类似人类皮肤的触感、微生物
般的透明感，还有机器人世界的未来感。同时，硅胶
对人的皮肤很友好，又能够被加上各种鲜明的色彩。
橡胶虽然算是与之类似的材料，但是相比之下还是有
一丝粗糙。硅胶的细腻在我看来更女性化一些。

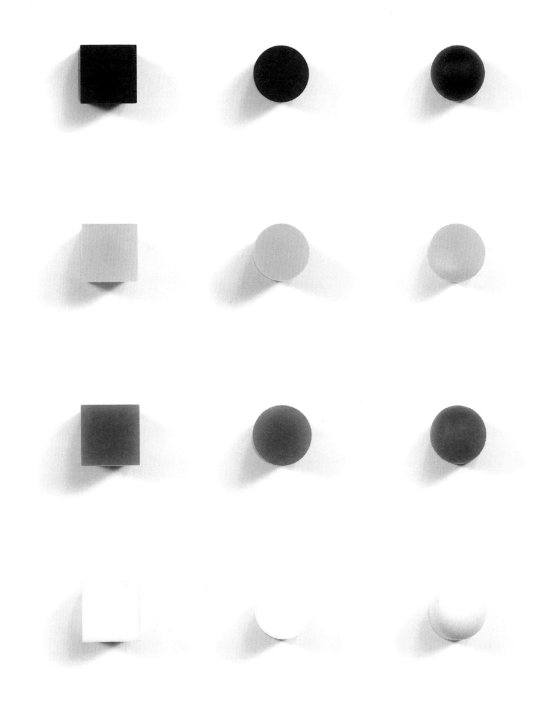

"硅胶"系列（第 144~147 页图片均属"硅胶"系列）

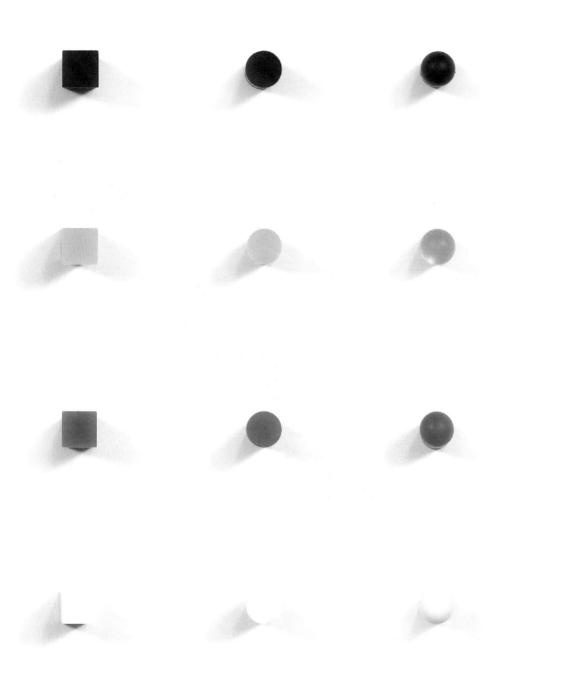

　　在造型上虽然看不出跟生物有什么关系，但"硅胶"系列的触感却和生物有很强的关联。硅胶的触感让人感到不可思议。日本美学中对材质的重视程度比想象中还要高，而"硅胶"系列就是在这样的想法中设计出来的。

生物体的触觉

将"物"这一知识的产物拉回人所在的生物范畴，拉近人和物的距离。

人们通过模仿植物和动物开始了原始时代。最初的象形文字中无处不体现着对自然的信仰和人与自然的一体感。

城市里的文字和造型会让人感受到理性的人工美，但只有自然的形态和材料才能让人感到放松。植物和我们一样都是会呼吸的生物，所以我们从不会觉得和植物亲密的身体接触有什么不舒服的地方，反而能感受到树枝摇曳、阳光透过树叶的美。动物也是一样：蝴蝶挥舞翅膀翩翩起舞，蜻蜓也以其独特的动作吸引人的眼球。来自人体皮肤的快乐是怎么都无法用语言来形容的，通过皮肤能直接到达人的心底。

生物的触感会以记忆的形式留存在人们的心中。设计的对象是人造物，所以想要提取来自生物的想法并不是那么简单。但是能做到的是，利用材料和造型让其拥有类似人类肌肤的触感，比如用柔软的材料尽力重现手的触觉记忆。

在我看来，人类是神照着自己的样子创造出来的。人也学着照着自己的样子，造出机器人。如果是为了代替人类劳动而设计制作的机器人，其造型和人越接近越好。也有像宠物一样试图给人类帮助的机器人，它们的造型很像小猫小狗。

可惜的是，现代设计追求的理性，让人们渐渐放弃了重要的感性——理性强调的是合理的生产性和机能，崇尚的是禁欲的美学。触觉感受完全不会考虑，更不用说设计出可爱小猫的造型了。

令人欣慰的是，我们当代的设计做到了抛弃现代主义的束缚，重回自由。现代主义就像基督教中的"泛日耳曼主义"，崇尚禁欲和唯一的神这样单一的价值观。在这样的思想下怎么可能诞生注重生物感觉的设计呢？

我们应该摆脱这束缚，从理性中解放出来，重视自己的感情和作为生物体本身的触觉。

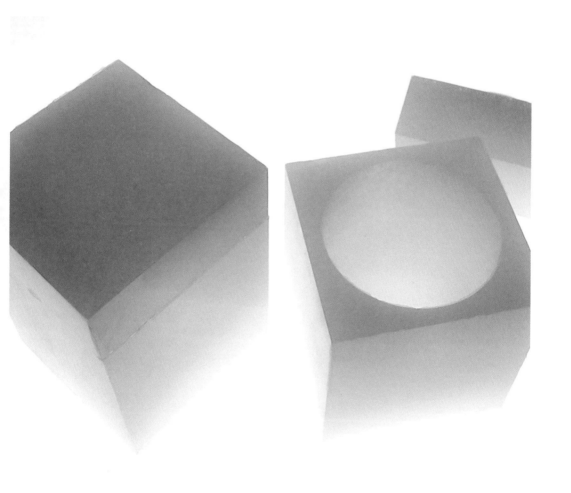

"硅胶"系列水杯

丰富的极简主义

用减法做加法，简单让细节的富饶得以展现。

没有被碰触过的东西有它自己的味道，这是一种未被染指才有的美学。日本人有和自然融为一体的身体感觉，尊重原生的自然。洋服在剪裁上注重和身体的切合，和服却保留了布料大部分的直角，好像看上去并不是最终的完成品。我想这就是日本美学中"素"的体现。

除此之外，木屐的木齿、锯子的圆形手柄和澡堂的四方形门帘等，这些并不和身体切合的细节都是美学的体现。

和西方使用外力征服自然不同，日本的产品制造中到处体现着与自然融为一体的文化背景。

现代以来有"少即是多"的观念，我想，这会不会是日本的自然思想传入西方的结果。日本从古至今一直崇尚事物本身的原生形态，永远把材料放在第一位，把造型放在次要的位置。说得极端一点，比起视觉来说，触觉、嗅觉这样的全身感觉，对于日本人来说更重要。所以在极力追求丰富的材料感与存在感之后，造型上自然变得简单。因为实际上也没有更多的精力投入在造型上了。这孕育了日本独特的简洁文化。

材料中蕴含着各式各样的深刻含义。它包含着时间与空间、轻重、冷热——全身心的感觉。它拥有着丰厚的记忆，不断地向外传达信息。丰富的极简主义因为有了丰富的材料，让形态变得简洁。也是因为这单纯的形态，让人重视材料本身。

KIRI 腕表

  它形状简单，表盘像被一层雾盖住一样若隐若现。我想用这样的暧昧表达对时间明确感的反抗。透过毛玻璃去看镀铬的表盘，暧昧之感油然而生。这也和谷崎润一郎的"阴翳中的金屏风"不谋而合。

暧昧

纵横交错的价值观允许了矛盾的存在，产生了美学。进退两难的暧昧自有其魅力。

日本在历史上受到四面八方的文化影响。太平洋好像一面屏障，让这些文化无法触及更远的地方，统统停留在日本。所以日本文化有海纳百川的特质。日本人也在这众多文化的矛盾中，自如地生存下来。

基督教在欧洲的蔓延让当地文化渐渐消亡，形成一个纯粹的基督教世界。与之不同的是，日本在最初的时候就已经有众多文化共生了。这样的特质大约受到了日本的自然气候和四季的影响，没有带来与自然相对立的历史。也许是因为日本人信仰八百万神灵，与自然一体相融，崇尚感性高于理性，才能在这多样的文化冲击中保存自己的文化。

平行发展的各种文化必然诞生让人矛盾的情感，复数的价值观有时也让人进退两难。但这样的境况怎么看都有一种魅力，其魅力就在于这两难的矛盾。

所以这么一来，日本文化渐渐拥有了自己的多层性。今天像和室与洋室，神道、佛教与基督教，和服与西装，和食与西餐这样的矛盾并存，处处体现在日本人的日常生活中。

而我认为，这种矛盾的情感是非常现代的一种情感。在全球化背景下的今天，纷繁复杂的信息漫天飞舞，想要保持纯粹的价值基准其实是非常困难的。人们能做到的也只是放宽心态，去接受产生于不同价值观交叉点的矛盾。

所以把这样的情感上升到美学的高度也是非常自然的了。

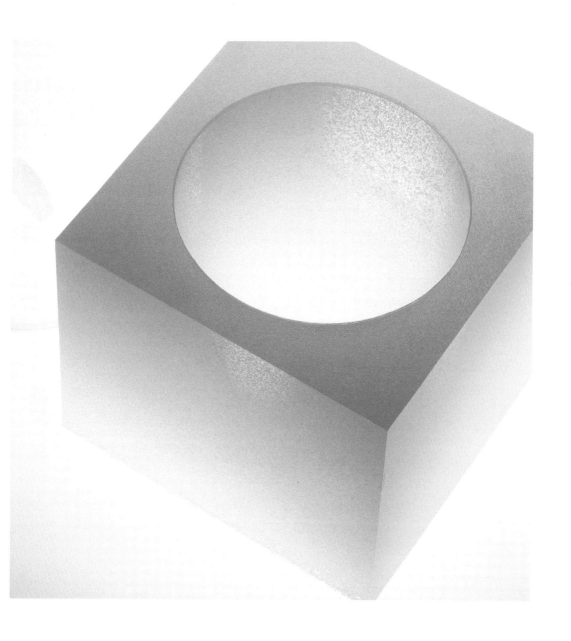

"硅胶"系列水杯

  硅胶具有的类似生物的柔软触感和半透明的未来感,和茶道这样传统的空间相遇时,总让人觉得不和谐。而我认为这种由于价值观不同产生的不和谐有一种难以言喻的暧昧,正是它的魅力所在。

暧昧的奥妙

在创作过程中，创作者和受众都是非常重要的。小说的受众是读者，商品的受众是使用者，戏剧的受众是观众。

虽然同样都是写文章，但创作和写报告不一样，其目的是创造艺术作品，因此内容当然更具创造性，包含创作者的很多想法。同样地，作为受众的读者、使用者、观众等，也不会像读报告一样单纯地接受创作者表达的内容。读者虽然会被创作者饱含感情的作品所打动，但是仔细观察便会发现，创作者的感动和读者的感动是不同的。读者的感动来自个人对作品的解释。也就是说，创作者的想法理念并不是通过作品直接传达给受众的，而是通过激发接受者的想象力传达的。通过这样一种方式，接受者也能创造性地接受作品。

这么一来，创作者就变成了刺激者，接受者反而变成了创作者。接受者像创作者一般，发挥自己的想象力去解释作品，在这个过程中进行创作。

作品的"暧昧"不断地刺激着接受者。因为意义暧昧，所以人们会更努力地发挥自己的想象力去创造。这"暧昧的奥妙"为创作又增添了华丽的色彩。

10 钛　　　　　　　　　　　　　　　❯

钛是一种在飞机制造中也会使用的轻量高强度金属，并且对人的皮肤没有任何伤害。钛的原色是带有金属质感的灰色，有点像日本的"银鼠色"。灰色是影子的颜色，但是钛的灰色因为有着金属的光泽，让阴影散发华丽的光彩。

材料感觉

感受不限于视觉，才能向人传达存在的信息。

对于人来说，看上去是什么样子并不是个问题，如何存在才是问题。生物通常用四肢支撑自己，行走在大地之上，大部分的信息来自脚下的大地，所以生物的手心和脚心非常敏感。睡觉的时候，肚子贴在地上，也接收得到信息。当然眼睛也是重要的信息收集器官，像天线一样时刻检查情况。

空气的触感、弥漫的香臭、大地的触觉、好友的身体、空气的温度和湿度、季节的变换，这些我们全都感受得到。身体感觉能够告诉我们时间空间的所有信息。

婴儿会拿起手摸到的东西放进嘴里，这是一种通过身体感觉去认识周围人和事物的本能。材料感觉就是这样的一种能力。

设计进入现代之后，开始注重形态和色彩的问题。视觉是人类最强烈、最持久的感觉，同时大量其他的感觉时刻为视觉提供补充。材料感觉也可以通过眼睛而获得，即使是温度与重量这些信息，因为有过经验与记忆，也能通过眼睛推测。随着设计进入现代，有关视觉的技术突飞猛进。可是，我们可以把影像传入互联网，却无法把身体感觉也送进去。所以真正进步的，只有视觉而已。

物的存在本身给人传达的感觉一直被人们所珍惜。"百闻不如一见"说的就是此时此地的存在能获得的信息比任何听闻都更准确。"见"并不是强调用眼睛看，而是用全身感觉体验此时此地的存在本身。数字技术开创的大千世界中的信息无法超越身体实实在在获得的感觉信息。

材料感觉并不限于自然材料，钛、铝合金、硅胶、橡胶、钢铁等材料的美，也是能够用身体去感受的。回归材料，就是回归人类原始的感觉。

BUDDHA 腕表

我时常会被钛特殊的材料感感动。明明是灰色的，却好像从内部闪着神秘的光泽，有一种浮影的感觉。这种金属的触感非常纤细，仿佛用眼睛都能感受到。

在1987年开发的BUDDHA腕表的原型"RABAT"，被收藏于大都会艺术博物馆和丹佛艺术博物馆。

混乱腕表

　　该表的表壳用钛制成，有两只表盘。大的表盘上有圆形窗户，中午12点显示黄色，午夜12点显示灰色。到海外旅行的时候，该表可设定两个国家的时间；亦可在想念远在海外的朋友时佩戴，别具意义。

原型

不刻意造型，而是让其自己成型，通过期待来诱导存在的形状。

我在设计的时候一般都是以想着"这是什么"开始的。什么是电话？什么是时钟？什么是住宅？每次我都是在寻找这些东西到底是什么的过程中开始设计的。在这个过程中，需要丢掉所有既有的概念和想法，从零开始，找寻这件东西对人的真正意义。对于我来说，设计就是遵循人类行为生成物品的过程。

原型并不是由设计师创造的东西，而是一种被创造的感觉。设计师使用工具通过各种方法给予物一个形状，不刻意造型而是让其自己成型，诱导出存在的形状。一边找出这个东西原有的形状，一边与之进行对话；一边除去不必要的部分，一边又希望留下点什么；一边被创造，一边被记忆。

所以原型既是大多数人生活中标准化产品的代表，也是设计师心目中除去层层累赘之后的结果。城市、建筑、家具——所有的东西只有在其存在的根本理由明朗了之后，才能触到自身更深层次的东西。设计也是一样，越是否定，越能够看得清楚。只有彻底舍去停留在表层的设计，才能真正从里层开始。同时，如果想要通过变换形状和材料进行延展，原型也是前提。

TEFTEF 眼镜

　　在这个项目中我们考察了夏蒙公司眼镜的本质，然后定下了设计概念：没有眼镜比较好。现在的眼镜设计越来越具有装饰性，所以我们想回到原点。若是必须戴眼镜的话，那眼镜应该是什么样子？想着这样的问题我们开始了设计。我们列出了这些要点：戴了像没戴一样的重量，具有无须细心保养的强韧，不须考虑空间的大小，配上什么样的脸都不奇怪的造型，等等。所以这个项目对于我们来说，是将基本问题作为主题，以从零开始的理念做设计的一个挑战。

再生的智慧——灾区重建到底应该怎么做

人是不会变的。人类的基因来自几亿年前。不管这个世界的数字化、全球化进程如何推进，人都不会变。

我在这里出生长大，这一事实无法改变。我来自这片土地，就像矗立的树木一样，不想被随便移植到别的地方。每个人都在自己的土地上扎下了根，这一点我们万万不能忘记。

因此，灾区新房应该在人们原来生活居住的地方重建。因为人不会变，这是生物本身的原理。是的，新房建好之后，不知道哪一天又会被冲走。自然是残酷的，即使投入再庞大的资金去修建一条防浪堤，海啸还是会将整座城市吞没。人类永远逃不出自然的手掌，这也是自然本身的原理。

即便如此，我认为新家还是应该建在原来的地方。

就像曾经的江户无论经历过多少次大火，人们都建造同样的街道一般，关东的各位也不要输给我们的先辈。我们可以向自然低头，但是作为生物，我们不能低头，我们即使像个傻瓜一样，也要在这里重建自己的家园。

但是，最重要的事是，即使家被震垮了，人也要继续活下去。新家也好，旧屋也罢，重要的是人不能死。房子被冲走了，整座城市被破坏了，人也一定要活下去。因为只有这样才能扛起重建家园的重任。

我们应该用建造防浪堤的钱设置一个保险。建造二三十米高的防浪堤需要一大笔钱，那用这笔钱设立一个专门用来重建家园的保险不好吗？保险就是一条防浪堤。

有人提议说将新城建在山上，也有人说建造一片比海啸还要高的人工土地。我觉得这些都是不对的。因为这些提议都无视了人的想法。重建家园应该尊重人对未来的构想。未来并不存在于将来，未来是当下人们的一种美好希望与梦想。希望这种对未来的美好构想能够在重建的现实家园中得以实现。不要忘记人们对未来的美好期待是从这里开始的。

我们一定不能去制订一个建设全新城市的计划，这是一个非常愚蠢的行为。新城应该始终以居民为中心。美好的蓝图应该从养育自己长大成人的这片土地开始描绘。

在灾区的避难所里，人们用纸盒和被子在体育馆中搭建起自己的“家”。那是人们从自己的身体出发，像筑造巢穴一样给自己建造的一个小角落。基于此，重建工作也应该从这里寻找出发点。我们应该停止用神的视角去看重建这件事，而是应该像筑造巢穴一样，发挥作为建筑师、政治家、管理人员等的优势，探寻灾区建设的方向。

家就是人的巢穴，建筑师应该给人们筑巢提供建议，帮助人们建造更好的巢穴。首先应该明确可以使用的土地，然后规划避难设施等，剩下的就交给人们。想继续在这片土地上搭建房屋的，就可以着手建房；想卖掉土地的，卖给别人便是。就像村落的形成，人们互帮互助，各自搭建自己的房屋。这样一来人与人之间的关系也会更加和谐，就不会发生所建的房屋挡住了别家的光线之类的事了。

有了争执就需要一个调解员，这个时候希望管理人员能够给予一些意见。大家也可以一起购买建材。要是看见别人用了什么好的材料，模仿一下也没有什么。走遍世界搜寻各种各样的材料不也很有意思吗？

那些不经过深思熟虑就提出的计划就算了吧，比如政府集中购买土地然后进行再分配，建造大型集中住宅然后让居民搬进去……把重建家园的任务交给在这片土地上的人们吧！在重建的过程中，人们或是有商有量，或是发生争执，这都是难得的经验。这样一来，家园建成之时，便是美好共同体的诞生之日。

政府也好，建筑师也好，都不应该夺走人们的这个机会。实际上，居民应该质问政府："对于这次核泄漏所释放的辐射，我们到底应该怎么做？"而政府则应该提供必要的资料，让居民自己去决定该如何避难。遗憾的是，目前，政府明令禁止进入相关区域，强行实施避难。这不是从一开始就夺走了人们自己建设家园的权利吗？

重建灾区的时候不能再这样了，政府等机构都不能夺走人们从思考自己的人生和家园过程中所获得的经验。

你知道志愿者到底是什么意思吗？"志愿"是"自发"的意思。志愿者精神说的就是一种自发的精神。

美国人为了保护自己的性命而随身佩枪。在美国，志愿者活动之所以如此丰富，就是因为人们希望能通过这些活动真正做到自己守护自己的家园、自己保卫自己的世界。而在日本，是由警察和相应的部门来打击犯罪行为的。

自己的家园本来就应该自己建设，我希望居民们不要放弃这个权利。今后的日本也会更加需要这种自立生存的能力。人们需要树立起这样一个意识——即使是发电这样的事也要身体力行，街道脏了不是给机构打电话而是自己清理干净。

来自四面八方的志愿者聚集到了灾区，但实际上，当地的居民才应该自发地投入到志愿活动中去，清理毁坏的瓦砾等。政府也应该调用救援金给他们支付一定程度的报酬。人的生活不是只有吃和睡，人还需要工作，还要处理很多和社会息息相关的事情，这都是生活的基本。而在灾区，首要的工作应该由政府分配给灾区的人们：用自己的双手根据自己的意愿建造自己的家园。因此，应该用救援金等价支付这个过程中所涉及的资金和劳动。不应该简单地平均分配救援金，应该按照人们所做的工作量支付。

本该在灾难过后立即开始的重建工作，因种种事由被耽搁了。因为同情受灾者，想保护受灾者，所以一开始就使用了救援金。但是我觉得不知不觉中这种行为酿成了一个巨大的错误。实际上，地震过后需要做的事情能让人们学到很多，是一个不可多得的机会。

重建后新的家园到底该是什么样子的呢？我想应该是一座尊重自然、能够自如应对各种问题并遵从人们内心的城市，是一座在人们一直生活的土地上建造起来的城市。

人们在同一个地方盖起同样的房子，建造大量的避难所。为了避难，人们还铺设了通往高处的宽敞大路。这样的建筑就让它们成为公共建筑。我们的私人建筑不应是在海啸中会与之对抗的建筑，而应是像船一样能顺应其力量的存在。现在我们已经清楚地知道海啸的流向，因此我们的建筑也可以像柳条迎风一般，顺应海啸的流向。

不被海啸力量破坏的方法有两种：顺应它的流向和改变它的流向。所以我们需要思考：是要建造即使被冲走、被掀翻也不会损坏的房子，还是要建造根植于大地、即使海啸来了也像船头那般劈开波浪的房子呢？船舶设计在避难所的设计中大概能起到很大的借鉴作用。

房子被冲走了，充满回忆的好多东西也就此失去了。但是同一块土地依然存在。在同一块土地上创造新的记忆吧！用我们的双手让复旧变成复兴。

我们也时刻不要忘了对大自然的虔诚敬意，建设一座和自然共生的城市。不要忘了我们和蚁石树木一样，都只是这广阔自然中小小的一部分。

‖ 黄金 ➤

　一看到黄金就让我联想到尾形光琳[1]和古斯塔夫·克里姆特[2]的画。古斯塔夫说自己受尾形光琳的影响非常大，他说能在尾形的画中感受到旧时代的苦恼和新时代的能量。因为黄金很贵重，所以人们会将它做成很薄的金箔来使用。

---

1 尾形光琳，日本江户时代的代表性画家和工艺美术家。

2 古斯塔夫·克里姆特（Gustav Klimt），奥地利著名象征主义画家，创办了维也纳分离派，画中大量使用象征性的装饰花纹。

金箔盘子

我设计了一只金箔质地的盘子，由箔座制作。金箔真的非常美丽。一直以来秉持着禁欲主义设计思想的我，若是没有和金箔邂逅，也许永远都不会想到这个材料。美这个东西真是让人感到不可思议，偶然间的相遇就让你坠入爱河。

金箔总不免让人觉得非常浮华，像我这样一切从简的人一直对它抱着否定的观念。另外"箔"这个形态总让人联想到表面化的装饰。所以我自己也惊奇于有一天会喜欢这种曾经不太喜欢的材料。

在维也纳的时候观赏了许多古斯塔夫·克里姆特的作品。看到作品上的金箔，又一次印证了我内心对金箔突发的喜爱。2007年夏天去马达加斯加的途中来到曼谷，看到金色的寺院，那金色仿佛也和我的金箔盘子重合了。

谷崎润一郎在他的《阴翳礼赞》中说过，金箔屏风在阴暗中闪耀着独特的光芒。那种在阴翳中闪光的华丽姿态，仿佛也能在我的金箔盘子上看到。

在《妇人画报》关于前卫茶艺的访谈中有一张我给檀富美女士斟茶的照片。当中使用了在纽约"新茶道"展览上展出的名为"之间"的立礼桌和金箔盘子。

《之间》的设计理念融入了明障子的想法，将光源置入其中，让桌子自己变成照明器具。这其实也是参考了"阴翳"这个概念。而在这个用和纸打造的立礼桌上，放置着金箔盘子。这样就完成了谷崎润一郎的"阴翳里的金屏风"。而檀富美女士的风采也和氛围融为一体。

说到金箔，不得不提到尾形光琳的《红白梅图屏风》。19世纪末维也纳的古斯塔夫·克里姆特与17世纪江户的尾形光琳，风格迥异，对金箔的使用却如此一致。

阴翳是华丽的，正如生和死也是华丽的一样。命运是华丽的，生命也是华丽的。垂下的夜幕让生命显得更加神秘，更是华丽。

金箔的华丽就是从这里开始的，因此我特别喜欢这只金箔盘子。

"金箔"系列金云（第 167~169 页图片均为"金箔"系列金云）

将金箔贴在软木板上，以突出木材的纹理。

连锁影像

在做金箔盘子的时候，最开始的想法是希望使用日本传统的金箔工艺来制造现代的盘子。为了避免让金箔的表层显得不自然，盘子做得比较大。本身就很薄的盘子在贴上金箔之后，金箔的存在感就没有那么强了。

我把这个金箔盘子的成品命名为"金云"，有一种大气之感。当我看着这个金箔盘子时，不禁想起了尾形光琳的画，同时古斯塔夫·克里姆特的画也跃入我的脑中。他们两人都喜欢在画中使用金箔。

我想古斯塔夫·克里姆特一定没少看尾形光琳的画，他和尾形光琳一样喜欢在画中运用金箔，二人作品给人的视觉冲击也很相似。在当时的欧洲，大量艺术家深受日本绘画和工艺的影响。

我在古斯塔夫·克里姆特的画中挑出《达娜厄》和《吻》，放在了金箔盘子旁边。令人惊奇的事情就这样发生了：这金箔盘子突然间失去了所有的日本风情，转而呈现维也纳式的风貌。在金箔中涌现出了许多具有古斯塔夫·克里姆特特色的东西。

我个人特别喜欢古斯塔夫·克里姆特。我想给100年前深受尾形光琳影响的古斯塔夫·克里姆特，那个创作出我想借鉴的《达娜厄》和《吻》的古斯塔夫·克里姆特传达一个信息。于是，《金云》就这样诞生了。

"金箔"系列克里姆特

探寻东亚美学

最近我一直在钻研东亚的历史和地理，想从中得到一些新的认识。其中非常重要的一点是地形。地形对人的思想有着很大的影响，我们的文化史可以说成是在地形影响下形成的文化史。

纵观整个东亚地区，中国的地域如此辽阔。喜马拉雅山脉、蒙古高原和戈壁沙漠牢牢地守卫广阔的土地，形成了一个和西方隔绝的区域。

在中国，从成都、重庆一直到东部海岸、黄河长江的下游和沿岸地区，几乎全都是适宜生活的平原地区。而日本的东边就是广阔的太平洋，形成了巨大的壁垒。若是丢掉国境的概念去看文化范畴的东亚，以黄海为中心的区域夹在西边的高山和东边的大洋中间，是东亚文化圈的"盆地"，宛如世外桃源一般的存在。

中国是一块大陆，韩国是从大陆延伸出来的半岛，日本是离这半岛更远的孤岛。韩国的一部分属于大陆，一部分则又具有岛的性质。

日本由于没有其他民族迁入，因而不存在民族融合。所以就像科隆群岛一样，有着特殊的文化，以及单纯且完成度较高的美学。而大陆上的中国受不同文化影响，孕育出了独特的文化。

中国的历史培育了精良的美学，给整个东亚都带来了不可忽视的影响。

韩国深受中国文化的影响。但是由于其半岛的性质，它只能单方面接受来自中国的影响，没法从中抽身。

在鼎盛时期的罗马，地中海就像是它的庭院。同样的，以东海为中心的"东亚文化区域"的形成也指日可待。不久的将来也许还会形成影响下个时代的"东亚文化圈"，而我所说的"东亚审美意识"也将逐步形成。

喜马拉雅山脉、蒙古高原和戈壁沙漠这三大壁障守护着我们整个东亚地区。西方的基督教和伊斯兰教在喜马拉雅山以南沿海经过印度，从印度尼西亚传入东南亚地区。东亚地区之所以受其影响不大，正是因为这三大壁障的存在。东亚文化圈也因此形成。

在东亚文化圈，人种以黄种人为主，宗教上有道教、儒教以及诞生于印度通过丝绸之路传入的佛教，使用汉字汉语，饮食以大米为主，使用筷子进食。

整个东亚受中国影响最深并且东亚文化保存得最完善的应该算是日本了。在中国诞生了东亚文化，进而传入韩国和日本，同时中国也接受了很多来自西方的文化的影响。唐代的椅子文化就是一个很好的代表。因为屡有战乱，城墙类的建筑和城市的构造和西方有着异曲同工之妙。

而深受中国文化影响的韩国则在李氏朝鲜时代开始废汉字推广韩语。所以韩国这个拥有佛教徒、基督教徒的国家，在现代东亚显得十分独特。

总而言之，东亚这三个国家虽然风格迥异，但都崇尚着同自然和谐相处的思想。这种思想对世界的和谐稳定也产生了不小的影响。

12 漆 ▶

漆是以漆树的树液为原料制成的。漆一般用于木材表面，经过涂装后形成强韧的保护膜。作为保护层的漆却由于它的美艳，孕育出了日本"光和影"的美学。

堆积

和"折叠"一样,堆积也是储存物品的方法。这是人与物共存的智慧。

日本的工具好像大多数都能堆积存放。餐厅里看到的桌椅都能堆起来放;盘子不仅能从厨房轻松地运到餐桌,设计上也做到了能堆积存放而不损坏。好像我们身边都是可以堆起来的物件。

日本的各种工具移动性都很强,也很好收纳,比如榻榻米边上预备了让人方便将它从地上拿起的部分,也刚好是一个人就能搬运的大小。旧式的障子、屏风、柜子、澡盆等,在搬家的时候能够一次性运完。我想这种堆积的思想是日本生活文化的折射,因为日本住宅有"临时性"这样的本质,在房屋里使用的工具也难免弥漫着这样的气息。

堆积有需要特别注意的地方:一个东西堆在另一个上面,要做到互相吻合。当然,不同的东西只要形状一样,也还是能堆积的,可以说是一种内部的连续性。

日本文化中,讲究规格丈量和可折叠、可堆积的思想不仅是为了收纳和运输的方便,它和日本的自然融合观念也是相互联系的。堆积是美的表现手段,是设计的修辞手法。

"IN-EI"系列托盘（第 177~179 页图片均为"IN-EI"系列托盘）

　　日式托盘不用的时候可以堆积起来收纳到柜子里。日本像这样可以堆积收纳的东西很多。这和背后的"临时性"密不可分。

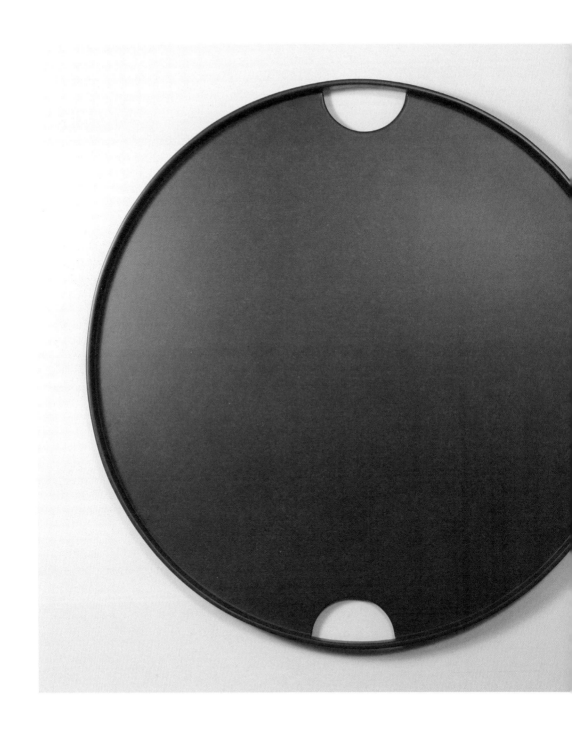

"IN-EI"系列满月托盘

"IN-EI"系列烛台

用不同的传统工艺制作出相同款式的底座，底座中央嵌入了铸铁烛台。

春庆漆木碗

这是将高山系的传统漆器技术活用于现代手法的一次尝试。

金泽漆器套盒

这是一套具有金泽特色的典雅漆器套盒，四周有锡边。

球的断面

球的断面代表完美球体的残像，向人传达一种破坏与反抗的意识。

球是不可思议的形体。不管从哪里切断，它的截面都是圆形，由圆心到外围的距离都一样。由于张力，液体表面一般会保持球面；地球、太阳等天体都是球体；细胞和分子也是球体。

曼陀罗（坛场）常被用球和圆来表现，从古至今人们也都用圆和球来描绘这个世界。球给人一种真理的印象，完美无瑕。

球体还给人以一种数学的理性。事实上，人试图画出一个球是非常困难的。只能使用数学中抽象的概念去描绘。建筑和设计中的球体和圆形一般具有宗教色彩。教会的标志、教堂的窗户、穹顶式的屋顶结构等都和球体紧密相关。时钟和车轮是由圆形诞生出的技术。从分子到星球，微观到宏观，自然界仿佛就是一个巨大的球体。

球体是神明、数学、自然，是抽象，是完美的象征。

切断一个球体，就是对完美的反抗，意味着破坏和未完成。而断面的球体仍然保留了数学上的美，并得到强调，有一种异样的美。"断面"的意义也得到加深。

断面本身还包含着被破坏前的残像。器皿的断面能让人看到被破坏前的构成美，苹果的断面也延续着苹果鲜红美味的印象。

球体的断面上有着球的残像，它时刻向我们传达着破坏与反抗的信息。

球体断面盒

　　我认为球面最能表现漆那拥有湿度的光泽。因为是球面，所以无论从哪个方向都能看到光的反射。做成盒子之后，漆在球面上的表现超出了我的预料，显得更加美丽。断面的想法也传达了一种破坏与反抗的信息。

铸铁与漆

在铁器内层涂上漆，铁粗糙的表面和柔滑的漆面演绎出华丽的协调。

手工这回事儿（一）

手工乌冬面也没有因为是手工做的就一定好吃。有时候手艺不好的乌冬师傅做出的手工面也可能输给用机器量产的乌冬面。

"手工"这件事并没有那么神奇。试想一下要是有"手制汽车""手制冰箱"的话，也绝不会好过机器生产的产品。有时候用机器量产的产品还是能给人一种安心感，手工并不就等于好。所以有时会听到有人批判道："你还在用手做这些啊？"

很多时候，的确还是用电脑更合适。《球体断面盒》是我找石川县能登半岛的漆匠做的作品。在绘图时非常简单，但是在制作的时候漆匠师傅却遇到很大的困难。这位漆匠师傅不擅长用手工制作球体这样的几何体。这种数学式的形状的确还是用电脑制作更合适。所以，最后我们用电脑做出形状，只是将上漆的工作交给了这位优秀的漆匠师傅。在电脑和师傅的合作下，这个色彩艳丽独特的漆器球体就诞生了，很是漂亮。

13 铅 ❯

铅是柔软的金属，其表面受力后就会变形。这一特点和人有一定的相似之处。铅在接触空气后非常容易氧化，利用这样的特性也能尝试各种各样的设计效果。铅的颜色是灰色的，很漂亮。它虽然和铝同属灰色金属，但铅的灰色并不那么带有光泽，有一种隐藏的神秘感。由于铅对人体有危害，所以必须在以铅为材料做成的作品表面覆一层膜。

混沌的时钟

40多年前，刚成立建筑设计事务所的我受邀参加在神户举办的钟表展。经过周密考虑，我决定做一个挂钟参展。虽说是挂钟，但只要了解其内部的运行模式，完全能实现手工制作。当时的我与各大工厂关系尚浅，便决定纯手工完成那次的参展作品。

我一直很喜欢灰色，并且铅又可以直接用手的力量进行加工，所以我就找来铅板开始了制作。

铅可以自由地被折叠弯曲。铅的这种特性让我产生了一个有意思的想法：因为钟必须严谨而准确，所以变形的钟刚好是对被时钟支配的现代生活的一种批判。另外，由于铅的特性，使用的人也可以将其弯曲折叠、摆出各式各样的造型，也能够参与到创作中。每一块钟表都会呈现各自不同的形态，设计的规格也很有趣。带着这样一个作品，我参加了神户钟表展。

40多年过去了，这个时钟已经实现了商品化。这个不知为何带着一种悲剧色彩的钟被我以维也纳的画家埃贡·席勒[1]的名字命名。我觉得这种悲剧性的氛围正是它的魅力，所以我自己很喜欢这款灰色的钟。

---

1 埃贡·席勒（Egon Schiele），生于奥地利，是 20 世纪初重要的表现主义画家，师承古斯塔夫·克里姆特。

埃贡时钟（第 193~197 页图片均为埃贡时钟）

偶然性

积极地投身偶然的原始海洋，触碰真实的自然真理。

我们常说"为了防止计划变更"这样的话，因为想要完全按照计划做一件事情简直是不可能的。好的设计并不是按照图纸一五一十地做出来，还需要根据当时发生的各种情况随机应变。建筑和产品设计也是这样，现场的乐趣大多数都是来自计划外的。不停地应对突发事件才让设计这件事生生不息。

爵士乐的演出有一个特点是，演奏者根据别的演奏者的不同状态，临时反映当时的情绪。这样的偶然才造就了现场音乐这回事。只有这样才让人真切地感受到，我们是和除了自己之外的世界、自然和他人紧紧相连的。而应对这种状况的随机应变说起来也是非常了不起的。

如果不是被动而是主动地投身于偶然的深海，是能够触摸到真理的。因为在那里的自己本身就是一种偶然的产物，具有绝对的真实。

如果没有两个异性的偶然相遇，就没有今天"我"的存在。能在几亿的精子中胜出，其概率其实已经接近偶然。这个世界都是偶然的结果。计划这个东西说到头来是一种对自然组合的反抗。而在设计中，归根到底支配所谓计划的，还是这万物的偶然。所以我主张，在设计的时候不必太过重视计划的意志，而是想着努力去迸发各种偶然。

如果说偶然是支配人由生到死的法则，那把这时间和空间都交给这偶然的法则来支配，也称得上是终极的计划。

我突然想到，也许人们就是为了逃离偶然的恐怖才发明必然这个东西的。

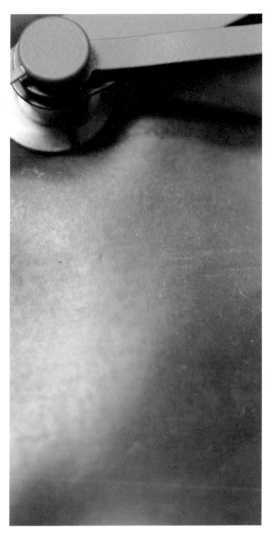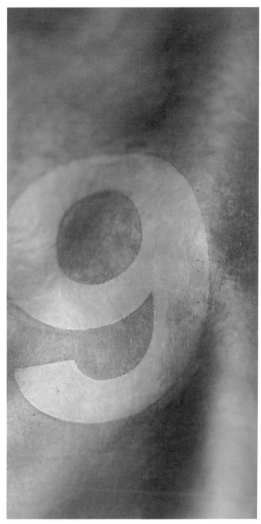

埃贡时钟

　　铅板用手就能很容易地加工，利用这种特质，做出了使用者自己通过适当的扭曲就能造成简单变形的表盘。另外如果剥去铅板上的保护层，其表面会立刻开始氧化。所以在上面贴上文字和数字的薄膜，隔一段时间后撕下就能留住文字影像。即使阴影部分和别的部分同时继续氧化，也不会就此消失。这些特性让使用者能用这个钟创造自己的时间。它是一个有着不正确性的时钟。

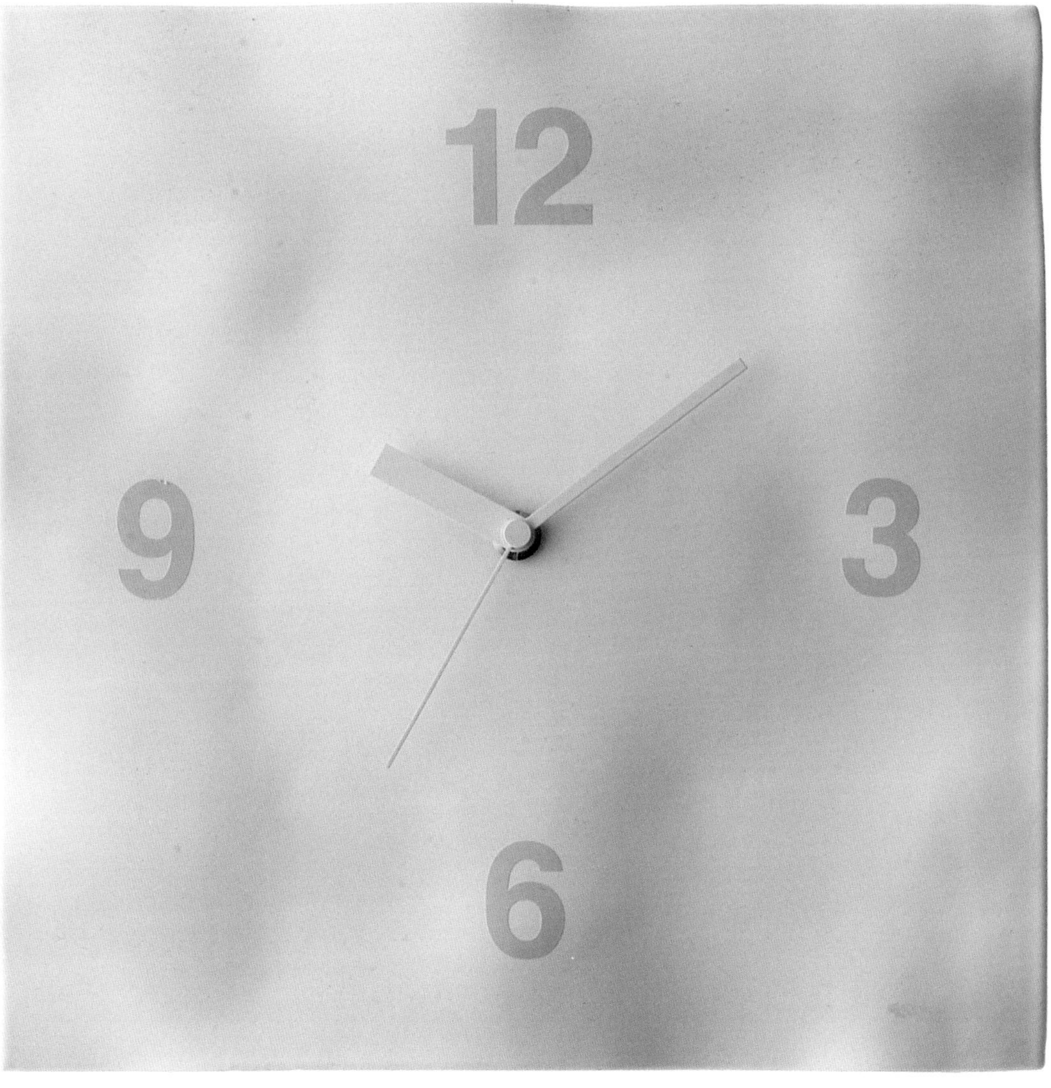
12
9
3
6

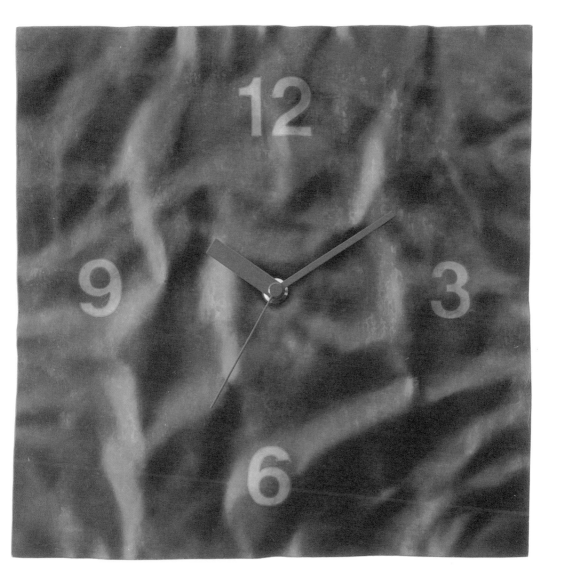

手工这回事儿（二）

　　设计天生就具有"按照图纸制作"的宿命。图纸是绝对的。在设计的世界中，产品必须完全按照图纸进行生产。因为只要保证生产出来的所有产品都是一样的，客户只需看样品或是产品目录就能订购。成品的一致性是现代设计品能得到信赖的大前提。

　　而瓷器、漆器或是木器的乐趣却在于"每一个做出来的成品都不一样"。木制品即使样子都是一样的，其木纹也各不相同。瓷器因为釉的调配不同、烧制方法不同，其呈现的样子也不会相同。每个漆器由于其素坯不同，上漆时留下的刷痕也各不相同，正因不同而美丽。瓷器烧制过程中火焰的不同也会令瓷器姿态各异。这样的偶然性多么美好啊。

　　可是如果将汽车、家用电器等原本极具"一致性"的产品，变成像餐具这样少量生产的产品的话，其一致性也许就不那么讨喜了。

　　我常常能感觉到设计的局限性。设计总是追求让每件东西都看起来一样完美，时常让我觉得没有生命。有时候小小的偶然虽然说起来没什么意义，却能带来令人惊奇的感动。当100个独一无二的手工艺品和100个一模一样被完美设计的产品放在一起的时候，设计的悲哀就不免涌上心头。安稳牢靠、价廉物美、让人安心的设计产品，和在偶然中诞生、价格高昂、需要有一定鉴赏能力才能挑到好货的工艺品，虽说各有各的魅力、各有各的"使命"，但设计的孤独感在此刻总显得尤为清晰。

　　手工产品之美，并非在于用手制作，而是在于用手制作存在一定的偶然性。我不得不佩服能运用偶然力量创作的人。如果说优秀的陶艺家烧100个作品里有一个好的作品的话，那像我这种完全没经过训练的人烧1000个可能也出不了一个杰作。窑中的火能带出釉偶然的美，而这种呼唤偶然的能力，我认为只有天才才能拥有。

　　好想体验一下这样的世界。偶然不就是把自己融入自然的种种之中吗？我也好想跳出设计的悲哀。

|4 塑料 ▶

　　塑料也是从大地中提取的材料。树木在地下变成石油，石油通过再加工就成了塑料这种人工材料，被广泛运用于现代用具中。它强大的适应性也许让它作为材料的存在感显得薄弱，但是并不能否定它能创造出一种全新的美。正是塑料的出现让我们告别了重视材料的时代，进入造型时代。

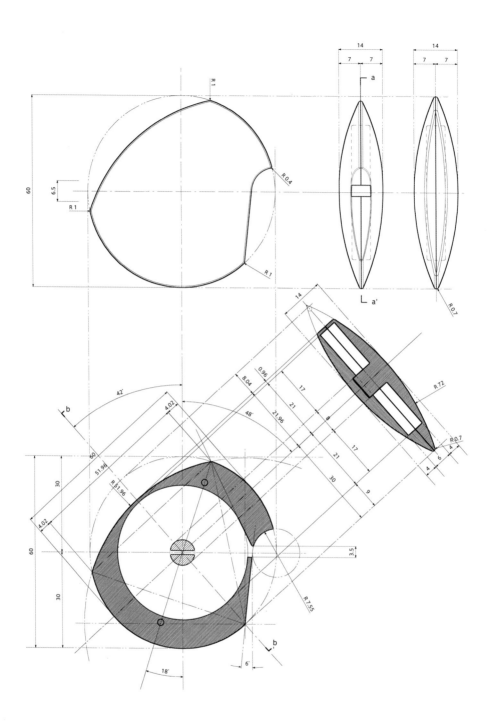

掌心卷尺设计图（第 200~203 页图片均为掌心卷尺）

这是一把两米长的卷尺。被设计成便于拿在手上或放在口袋里的形状。将两个球面合起来，再削去不需要的部分。

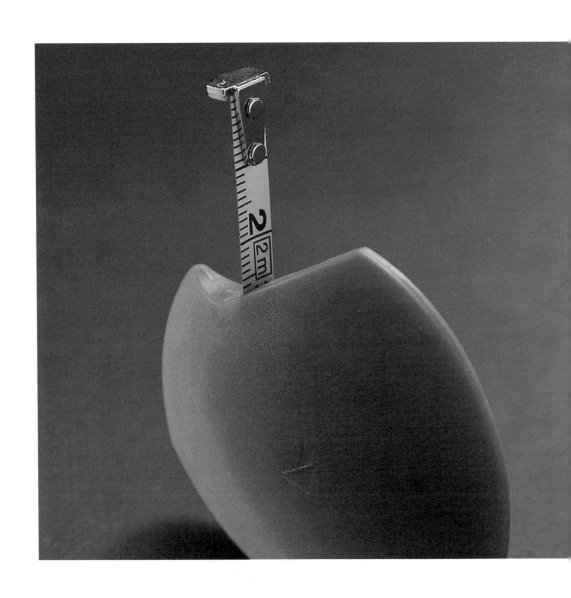

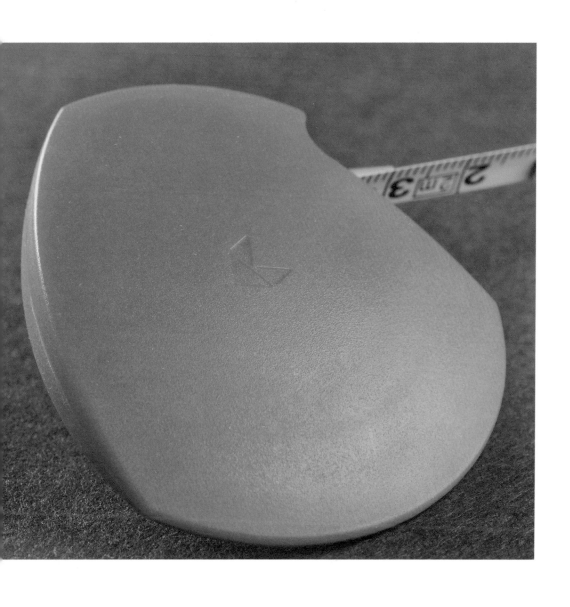

"SUKI"系列 R 型椅

    SUKI的构想是将符合人体臀部和背部弧度的椅座装设到呈直角的椅架上，直角椅架的创意来自日本茶室的轴组构造。当时我认为应该用半透明、有灵性的塑料而非木材来制作椅座，后来因为成本太高而想要采用胶合板。不过最后决定还是用红色的丙烯材料来做椅座，以增添一点椅子的灵动性。

BIO 台灯（第 205~207 页图片均为 BIO 台灯）

这是一盏台灯，内置了将交流电转换成直流电的装置。

逆光

有影才有光，明亮背景下看到的东西，周边闪耀的光环比任何事物都要华丽。

夕阳的美丽在于逆光。向着明亮的地方看过去，其创造的影子比什么都美，其产生的不可言喻的光环比什么都闪耀动人。而人也好，物也好，都因为这逆光给予的光环也跟着闪耀起来。也许因为这光环让人看不清实际的样子，这种暧昧的感觉才更显华丽。

房子越深，从里面看出去就越能得到逆光的效果，这就是所谓的"阴翳的美"。越是看不清，越觉得美，就像理解与感动这两种情绪给人的感受不同一样。

日本空间中的障子可以说是日本建筑文化中阴翳的浓缩。通常人们会认为照明设备是为了让空间明亮而设置的，其实并不是这样，它们和逆光一样，是为了制造影子而存在的。明亮的顺光会让人看清楚物体的本来面貌，这固然重要，却并不一定能唤起内心的感动。

逆光能够产生影子，它和房间里书桌上为了阅读等的照明不一样，它所对应的对象是空间整体，它是为了产生感动而设置的照明。

谷崎润一郎的"阴翳中的金屏风"我想也是因为有逆光才看得到的美。远处传来的微光让一切变得美丽，是因为有阴翳，也因为有逆光。

纳西索斯浴缸

在这个浴缸的底部设置了照明，透过水的折射，浴缸里的人看起来非常美丽，因为利用了让谁都能看起来美丽的逆光。我觉得泡澡这件事情不仅是放松身体，也是让心灵变得鲜活的一个过程，所以从这一点出发设计出这个浴缸来。曾于米兰的"未来浴室展"上展出。

无常

死亡、崩溃、变化，就像一种信念一样，有一种强健的美学。

人也好，自然也好，从出生那一刻就踏上毁灭的道路，生生流转，无限轮回。日本人一直崇尚这样的意识。面对季节的变换坦然而乐观；重视食材的季节性；歌颂未来，怀念过去。日本人的衣食住行里无处不体现着对事物变化流转中蕴含的美丽的喜爱。

死亡并不意味着生命的失败，只是生命的另一种形式罢了。生命是一个没有起点与终点的概念，它一刻也不停止。通过死亡的形式产生新的生命，这是宇宙给我们讲述的真理。而在日本人的感觉中，特别注重去捕捉这种同宇宙的一体感。

而这种美学也必然无法诞生在崇拜具有绝对性的事物的西方。在西方，人们住在砖瓦房里，试图捕捉的是和自然的对立感。人们视自己为支配者，进而开始研发让这个角色得以生存的各种技术，所以在西方产生了与自然对抗的文化。

诞生于日本的文化可以说是与之完全不同的一种文化。房子偏好木造，虽然不那么坚固，但是与自然的流动融为一体。而屋外的庭院，也大多使用纸、土、竹、木等材料，这样的建筑是能完全融合在自然之中的。

江户发过多次大火，人们都没有停止建造木造建筑。从某种程度上说，大火让江户更显繁华。

日本人心中常常会想，其实人活着只是一种感觉。所以死亡也好，崩溃也好，永无止境的变化也好，就像一个强大的信念一样，个中自有美学。

日本人不追求绝对的价值，珍惜内心的美好感受。美人薄命所以爱美人，樱花短暂所以恋樱花。无常便是美。对于现代主义所追求的绝对的价值观和永存的生命，这无疑是一种反抗，更是一股清新的气息。我希望有一天这不仅是只属于日本的思想，我们的世界也应该学会去接受无常。

风

　　这是为了在巴黎举办的日本设计展而制作的照明器具。最初的构想是做一个包的形状，可是没有实现。展出的时候制作了这个"能装进光的集装箱"，随后也得以商品化。后来想想，当时其实是考虑着日本美学中对无常和幻灭的喜爱而制作的。最后给它取名为"风"，其实也能称为"土"，因为其中的铁质小箱子是在南部制作，是风与土的共同出品。土代表着农民的劳动和孕育，而风代表着纵横交错的自由意识。风是无常，土则站在它的对立面。这是由两个椭圆组成的构成图。

游隙

在汽车制造中，螺栓的孔往往会做得大一点，方向盘安装的时候也会稍微保留一点富余空间。这种所谓的富余就是一种"游隙"。如果完全按照计算去制造汽车，那螺丝可能进不去孔，方向盘一动轮子就马上转了，十分危险，所以设置了这样的富余空间。

衣服如果太贴身，身体就失去了自由，舒适感也就随之降低。稍微宽松的设计因为有了富余的空间，穿起来就特别舒服。这也是一种游隙。而西式服装运用的是立体裁剪，完全贴合身体。

很多日本的工具中都有这种游隙。日本工匠所使用的刨子一般都是长方形，其实看上去并不是太好用，因为它并不符合手的有机形状。所以工匠在使用刨子时会巧妙地运用手和刨子之间的游隙。因为有游隙的存在，工匠可以根据不同的需要熟练地进行调整，更好地使用刨子工作。日本的木屐只用一块配上带子的平整木板支撑脚底，并不符合脚底的形状；而西方的木鞋则是和脚的形状一模一样。

人和工具之间具有一定的空间。因为很多场合存在不确定性，这样的空间给了使用者余地。人和人之间有这样的空间，物和物之间也有这样的空间。

舒适的椅子一定不是和臀部融为一体的椅子。在臀部和座之间有一定空间的椅子才是最好的。而且人还能利用这个空间去调整自己的重心。好的椅子一定会设置这样绝妙的空间。所以一般坐垫很深的椅子都不太好。

日本很多地方都存在着这种空间和游隙。在西方，人们普遍认为工具和人高度契合才好。但是在日本，乃至整个东亚，在制造工具时一定会预留一些游隙，创造工具与人之间的关系。在西方人们希望人和工具是紧密相连的，他们希望工具能像人的皮肤一般契合；而在日本却故意设置这样的游隙。这种文化的差异我觉得特别有意思。

15 铂金

➤

铂金虽然也属于贵金属，但和黄金的美完全不一样。和艳俗、璀璨又奢华的黄金比起来，铂金的美能让人感受到一种神的光明。如果把黄金比作夕阳的话，那铂金就是朝阳。铂金的美虽然没有夕阳那么奢华，但也正因如此，它的美看起来充满理性，又带有透明感。

性的记号

性欲、食欲、自私、征服欲等看上去"反社会"的欲望其实才是生命的本源。

性是不分国籍和民族、世界共通的。作为人类心里共通的无意识，性能唤起每个人心中的共鸣，若是用记号来表示的话，一定是简单朴素的。表现的时候只要注意不要加入过多的淫欲感而使人不舒服，而是使用适当的幽默，选择有清洁感的材料，创造知性和诗意的效果。

性是人类生活不可缺少的一部分，因为有了它才让我们不至于灭亡。正是因为我们都承认了这原始的欲望，才使我们今天这个世界得以存在。

世界上的每个人心中都潜伏着自私和对他人的敌意，因为被禁止，所以"反社会"的欲望也暗流在心底。设计虽然被美化成艺术一样的存在，有的人会说设计是具有社会性的行为，但它是人类的本性被逼迫到一个程度的产物，是在无法逃避的时候才产生的。

实际上自私、性欲、食欲、征服欲等这样"反社会"的欲望才是人类生命的本源。如果没有了这些，人类之间的爱也无法成立。

性器官在原始的艺术当中普遍存在，在宗教中也有着重要的象征作用。西方也好，日本也好，都存有以性器官为题材的绘画或雕刻。浮世绘中的表现手法比较浮夸，原石雕刻则天真烂漫。

人类行走在大地上，穿上衣服获得社会性，从这一刻开始美的定义有了内外之分。

心

　　倒置的心形猛一看像女性的乳房，再试着加上两个乳头。再仔细观察一下就会发现其
又像是臀部，性暗示非常明显。倒置心形所带有的两种意象给了我灵感，于是我制作了这
件首饰。乳房与性密切相关，人在爱抚乳房中繁育下一代，而新生的婴儿又依靠乳房所提
供的营养成长。另外，心形也是心脏的形状，象征着流转不息的生命。

神与魔的共存

看到铂金，你会想到什么呢？我曾经征询过许多人关于铂金的评论，并进行了深入思考。那时，我刚好在夏威夷构思这个首饰的设计草图。我每天在海边看夕阳西下，总觉得夕阳更像黄金，而不是铂金。有一次，乌云遮天，海面昏暗，在乌云间的缝隙里一条白光直射而下。就是在那个时候，我在这白光里发现了和铂金同样的光，还有神。

橡胶也是我爱用的材料。而最近，我发现用相机拍摄全黑的橡胶十分困难。所谓摄影，就是用胶片捕捉被摄物体反射出来的光线。而全黑的橡胶就像个黑洞一样，吸走了所有的光线，没有任何反射，根本没法成像。我觉得橡胶这材料就像是魔一样的存在。

《P + G》这个作品，就好像是代表"神"的材料与代表"魔"的材料的"融合体"。铂金作为极为珍贵的原材料，它散发出的光泽就好像是神的光辉。而橡胶则浑身是油，或在工厂里给机器当防震材料，或被做成车的轮胎，它肮脏的形象能使人联想到地狱。这两种材料的共存，就仿佛是人类情感世界里的欢喜和痛苦。

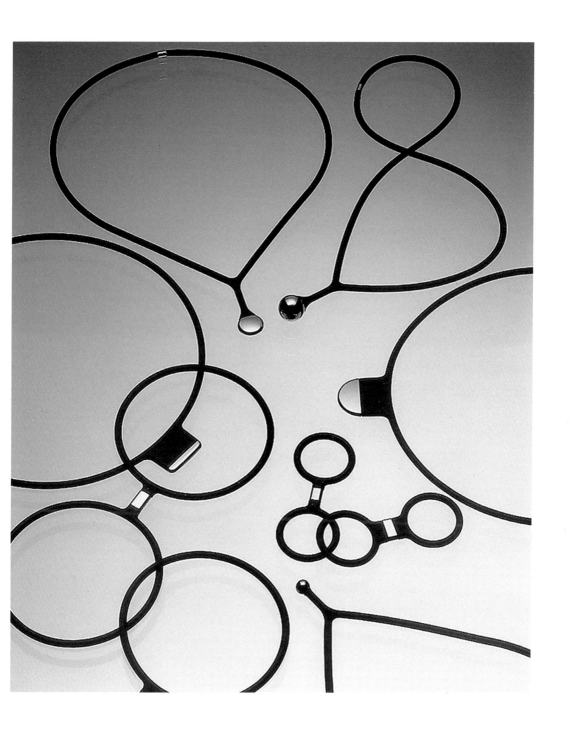

P+G（第 217~221 页图片均为《P+G》）

拜物主义

以人和物根源性的违和感为前提，回归人与物之间的爱与情。

人与物之间的关系渐渐变得复杂起来。现代生活让物品入手变得容易。在普通的家庭里，物品就像洪水一样席卷房间，真正留给人的空间却变得狭小。办公室里也好，大街上也好，全都是物品。同样作为物的建筑，和几乎无法计算数量的汽车一起，挤满了每条街道。因为物质的丰富，今天的物品会变成明天的废弃品，成为破坏自然的原因。因为物对人类生活是必不可少的，所以人们会将各式各样的生活用品收入囊中，但也不得不承认正是这些物品一点一点地压迫着我们的生活。若想一切从简、朴素地生活，减少物品的消费必然带来物品生产行业的衰退，使经济失去活力，所以也并不是那么简单。

因人的需要而诞生的物，却因为渐渐地堆积破坏了环境。每个物品都有自己的氛围，能够改变周围的环境，但是太多的氛围叠加起来，对我们人来说，也难免受到身心各方面的影响。

物是人体机能的延伸和强化，比如我们使用器皿盛水送入口中，它其实是掌心的物化延伸。手指间的缝隙会漏水，但是器皿就能将水从河边运到被需要的地方，能储存水，也能被放在火上加热水。器皿的发明确实为人们的生活带来了方便。

汽车是人腿的延伸，手枪是人手的强化，房子是皮肤的扩大，电脑则是人脑的发展。这些发明都给人们的生活带来了飞跃性的发展。与此同时，它们在地球上成为有别于自然而独立存在的物品。原来一体的人与自然在人造物登场之后其组合开始受到影响，其独特的异物感让人也因此被刺激出新的欲求，欲望开始延伸到物身上。

全新的人与物之间关系的历史就从这里开始。物不再只是人体机能的强化，而是作为体现美的全新形式而存在。其不属于任何自然范畴的异物属性，使得人们不会与之产生和自然一样的融合感，"违和感"就此诞生。我认为这种感觉就是人造物所带有的现代的美感。

对于自然孕育出的树木、山川、动物，同属于自然一部分的人类是不会有任何违和感的。人造物的诞生也是从异物感开始。其诞生具有明确的功能性，如果能一直发挥它的功能的话也不会有什么问题，但是在不被使用或者是被他人使用的时候，人造物就没有明确的功能性了，只剩下异物感。作为异物的人造物的美学也成了人类历史上诞生的全新美学。流线型是现代技术的象征；电子感代表了数字时代的美学。而人造物让人产生的拜物心理说到底也算是一种美学。我认为这种产生于人与物之间根源的异物感的拜物主义美学是设计的重要关键词之一。

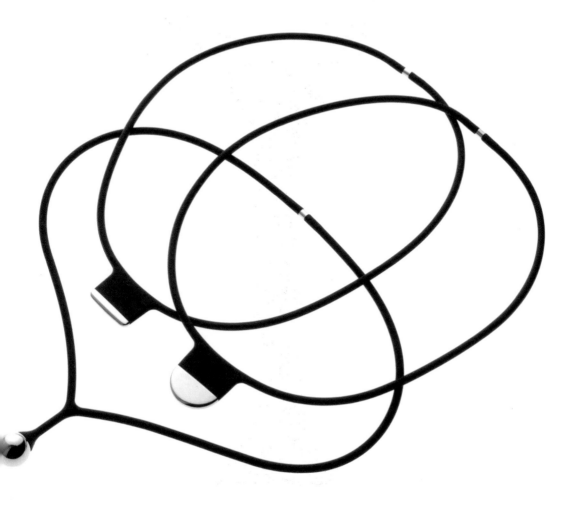

P+G

首饰触碰皮肤，和皮肤之间存在一种亲密的关系。以"P+G"命名是因为使用了铂金和橡胶这两种非常不同的材料。这两种材料细节的精致都宛如身体构造一般。在丹佛艺术博物馆常设展展出。

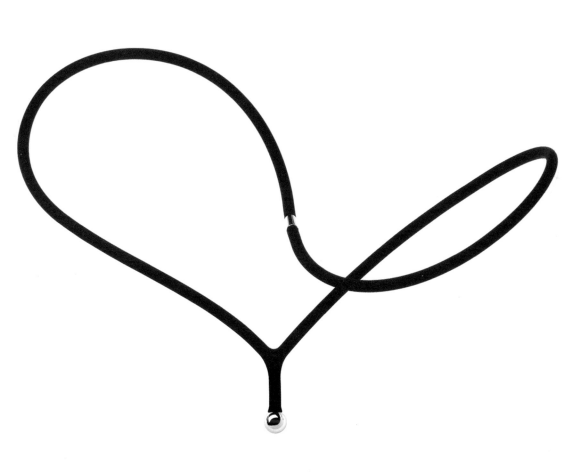

生物的模仿

生物的构成与形态是浩瀚宇宙的缩影，维持着自己的和谐。

为什么生物的形态如此美丽？花鸟鱼虫，每一种生物都有属于自己的平衡的形态。我们从鸟的身上学到航空学，从鱼的身上学到造船学，自然是所有技术的老师。

人体从美的观点上来说，是具有完美规律的构造。经过长时间的积累与习惯，这样的构造已经称得上是一种规律，但是实际上又无法清楚解释出来。规律感是通过记忆的堆积而形成的。

生物所具有的合理性也让人惊叹。生物模仿技术就是一门专门研究生物的构成并学习其技术的学问。从电鳗身上学习发电，从苍蝇身上学到空中飞行器的技术等，都是学者们的研究内容。

我试着研究了形态论，在形态的分类中，有一个重要的分类就是生物模仿类。总有一些形态是在几何学中怎么苦心钻研都无法达到的，因为它们直接来自自然界的生物。于是我明白了，生物模仿的世界其实是和合理形态并没有太大关系的。

特洛伊的木马为什么是马的形状？为什么最初的飞机是鸟的形状？头盔为什么是昆虫头部的形状？潜水艇为什么是鱼的形状？所有这些工具初次登场的时候，都是以生物模仿的形态出现的。

这是因为人对自然抱有敬意，对自然的力量有着敬畏。进步一定是从模仿开始的。说到底多种多样的生物其实在自然里是人类的前辈。

索尼的AIBO是小狗的形态，本田的ASIMO是人的形态。机器人模仿人和动物的形态，是为了拉近人和物之间的距离。为了再现生物的技术，最重要的一点就是从模仿生物开始。若想实现多功能的综合机器人，第一考虑就是拿人作为模仿的本体。在雕刻中有"躯干"这一说，指的是没有四肢和头部的身体人像。正因为没有头部和四肢，让人看不出主张和个性，其中有一种独特的魅力。

而将人类的某一部分单独取出进行模仿，就能对这个部位所蕴含的意义进行延伸和引用。之前我做过心形吊坠、指甲饰品和乳头调料瓶。矶崎新截取玛丽莲·梦露裸体的曲线部位创造了"梦露曲线"，只要使用比例尺就能把梦露渗透到所有的建筑和工具之中。

使用每个人都知道或者是能想象到的形状，通过引用生物的方式引发共鸣，所建造的工具和建筑都能诞生多重的魅力。

在使用乳头调料瓶的时候，手触到乳头的感受会和现实中的实际感受形成一定的冲突。在我眼中，神照着自己的样子创造了人，人照着自己的样子做出机器人和种种工具。

16 和纸

▶

　　将树木的纤维交织，然后在薄板上过滤便成了纸。纸张的发明，让文字的书写和印刷得以实现。在日本，纸也被用于建筑中，比如用来挡风或者遮窗的斜光的纸拉门。由于日本美学偏好"虚幻"，因此泥土、树木、纸张这些易燃易碎的原料被广泛运用于生活空间。

立礼桌

反转

环境的反面是物品，物品的反面是环境。把汽车反过来是摩托车，把建筑反过来就是家具。

我说过，环境的反面是物品。环境和物的概念说到底是根据人与之所在的相对位置关系而定义的。人存在其中的，是环境；人在其外的，则是物品。而对于环境来说，最关键的就是人脚下的那一块。假设有一个人在一个巨大的气球当中，当脚下的气球破了一个洞，人就不再存在于一个空间中了；原本作为环境的气球，在破坏的这一瞬间成了物品。这就是我想说的"反转"。

把汽车反转过来，就成了附有引擎和把手的铁块，这么一想其实也就是摩托车；把建筑反转过来，就变成了家具；衣服在人穿着的时候属于环境，脱下来就只是物品了。

每一件物品都有自己的气氛，因为它们都曾作为环境而存在，只是经过反转之后成为物。之所以说物品的设计其实是这种气氛的设计，就是因为在这里把物品当作环境来看待。我认为这一点是非常重要的。

建筑与其内部属于环境，其外部是物品。但是当很多建筑聚集形成街道的时候，就好像给城市做室内设计一样，这时的建筑就成了物品。物品的并列与堆积组成了环境。

"反转"这个概念给了物一个新的视点，给予了物品表里转换的权力。

立礼桌

这个立礼桌是将茶室反转后的结果。立礼桌是在明治时期的茶道中诞生的，其作为家具而存在正是茶室的反转，这一点让人觉得非常有意思。在纽约展览的时候，这个立礼桌被命名为"之间"，寓意过去与现在、人和人之间的联系。这是一件包裹着明障子，将日本茶室反转之后形成的家具。

抓住偶然

　　里千家是日本最大的茶道家族，其人数超过40万人。我们几个设计师与当时家族掌门人的次子相会，得以创造了传统茶道和现代设计相互碰撞的机会。我们创办了"茶美会"，这几年来一起制作作品、办展览，举办了各种活动。

　　那时完成的作品是《天地庵》和《之间》。这两个作品都是用和纸做的。一个是用和纸创造的巨大空间，另一个是用和纸制作的家具。最先完成的作品是《天地庵》，当时构思的时候刚好认识和纸大师堀木，我问她："我想要4米高、8米宽的大和纸，能做出来吗？"那个时候，她虽说是"和纸大师"，但也仅限于制作小尺寸和纸。所以，我猜她肯定会说"在制作大尺寸和纸方面我没什么经验"而拒绝我。我自己想着，她虽然知道和纸的制作方法，但也没见过这么大的和纸，所以的确也做不出来。她却爽快地答应了。

　　如今的她，用大尺寸和纸做了很多作品。在日本乃至世界范围内都备受瞩目。每当出席展览或者演讲时，她总是说："是黑川先生给了我创作的契机。"但是我总觉得，谁都会有这样的"契机"。"机会"对每个人来说都是平等的。人和人之间的差别只在于，是紧紧把握住机会，还是轻言放弃。

　　我在后来碰到她的时候，对她说："你的这个作品是那时候积极迎接挑战的结果吧！"面对从未尝试过的大尺寸和纸，说出"好，我做！"的那一瞬间，就是她创作的力量源泉。一切都只是因为她果断地抓住了那个谁都会遇到的机会。

箱灯

这是一款照明器具，由6面相同尺寸、贴着和纸的木框组成。

灾难

破绽是极具生命力的瞬间，它给予生命超越稳定和技巧所能带来的律动。

灾难是一种破绽。从正常的状态开始，渐渐出现问题，然后问题逐渐增多，多到不能解决的时候，就有了破绽。有时候一些问题，比如说政治上的腐败、官僚机构的闭塞等，它们的解决办法就是放在那里不管，等破绽到来的那一瞬间，自然会爆发。仔细想想也许这样的方法确实比较困难，但是在终极的愤怒之中爆发的破绽，有时候会让事情向好的方向推进。

心平气和地谈话解决不了问题的时候，一旦烧起怒火，解决办法马上就变得明了。有时候人们说夫妻之间越吵越好，就是这个道理。

好多戏剧经过一番坎坷，最后都能迎来大团圆的结局，也是因为有灾难的存在。所以灾难并不意味着悲剧，破绽才是萌发生命的瞬间。

稳定并不会简单地到来，必须经过无数次破绽，才能到达生命的美好瞬间。

在能剧概念"序破急"和剑道概念"守破离"里，"破"的思想应该就和灾难的概念一样。"序破急"表现了音乐节奏的突变；"守破离"表现的则是努力守住一种形式，直到破坏的那一刹那。

茶室是16世纪中期由千利休创造的建筑"手法"，生于对武士阶级的建筑和美学的反抗。为了反抗绚烂华丽的建筑，模仿草庵建造了茶屋；为了讽刺武士阶级的生活，在茶屋里使用的是日常的锅碗瓢盆。千利休创造的美学，最开始的时候只是一条向丰臣秀吉反抗的信息。因为这反抗带来了"灾难"，才有了我们今天的茶室。

天地庵

　　天地庵是使用巨大和纸建造的茶室。地板之间的空隙装有电脑投影系统，在四周投射着竹子的影子。地板使用两张和纸，中间填入丝绵，并缝上网格而制成。像明障子一样让光透过室内的"光之壁"和纸，和染黑后的"影之壁"和纸组成整个茶室。同时，在"影之壁"上，留下一块方形没有染色，露出本来的纤维，从而形成一个地下窗。和纸构成的茶室加上电脑投影系统，形成了传统与现代的互动。而建筑坚固的印象遇上和纸敏感的性质，也是不安全感的暧昧演出。

　　和纸制成的"光之壁"和以土为灵感的和纸组成的地层，被以海为灵感的水盘包围，好像拥抱着"光之壁"一样，以弧形穿过"影之壁"。在"影之壁"上设置了一个地下窗。此处的天地庵将茶室变成了宇宙的缩影。

折叠

一个物品能被折叠，意味着它一定是由一块完整的材料制成，能屈能伸。其背后隐藏着存在的假设和素的美学。

折叠有时候很容易跟散件组装的概念混淆。从功能性的角度出发，将不方便运输的大件物体分解后运输，随后进行组装——这是所谓的散件组装，和折叠完全是两个概念。

日本传统的包袱布，因为它是一块布，所以可以包很多东西。如果只是简单的包装布，看上去好像在哪个国家都存在，而实际上又不是这个样子。一个物品的出现跟这个国家的文化和美学是分不开的。而包袱布背后体现的是日本"这样就够了"的"素"的美学。布就其本身的形态已经具有相当多的机能，但是在不用的时候，只需折叠即可方便存放。

日本的传统建筑中没有设置墙壁，屏风是像柱子一样的自由存在。而屋内屋外的空间就是靠屏风来任意创造的。和明障子、坐垫等一样，屏风自然也是可以折叠的工具。它和"隔断"不一样，它不是隔断空间的道具，而是在连续空间中创造空隙的道具。而折叠则是表现生活空间之美的手段。

一个道具的产生，肯定跟它所在的文化背景紧紧相连。而这里所说的折叠，本身已经成为一种美学扎根在文化之中。

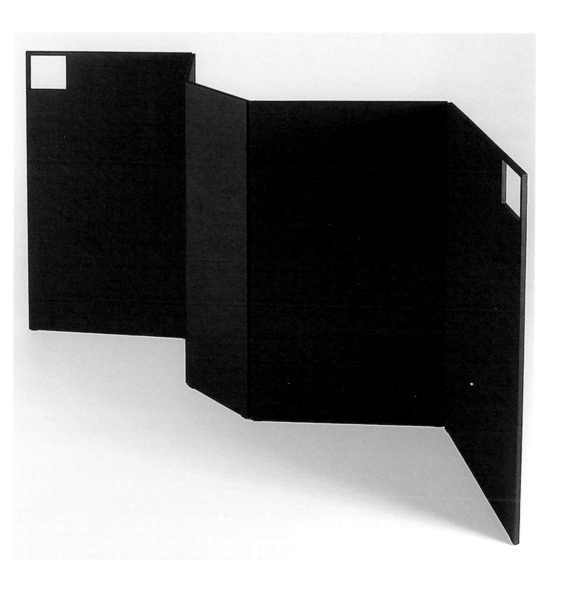

乌鸦

　　这个屏风完全使用了传统的制造手法，把和纸涂成墨色制作而成，在把手和角落处没有贴上和纸，只留下了框架。不分正反，从哪边都能折叠是这个屏风的特点。日本的屏风不是用来隔断空间的，只是用来确保各个空间的存在。这个想法其实和日本传统建筑中的和纸拉门差不多。

变化的美

死亡不是生命的失败，变化让人更懂珍惜。

樱花盛开的春季是气候非常不安定的季节。各种细小的运动每天都会发生在自然之中。花草树木等待发芽，人虽然身体还蜷缩在冬天里，心却因为春天的预兆而浮动起来。气候的变化让人又喜又忧。樱花感受到春天的来临，含苞待放。而常常让人感到无常的是，冰冷的雨又无情地将花瓣打落。有时候我想，也许樱花并不是预示春天来临的花，而是一种戳破春日羞涩的花。人们常说日本四季分明，也并不是指春夏秋冬四个季节，而是指季节变换给人带来的幸福快乐。

在不安的期盼中，春天来了；沐浴在春光之中，夏天来了；台风和酷暑来来去去，终于安定下来的那一天，秋天来了；而在对周围事物的怜惜和忧伤中，冬天来了。四季的更迭是打动日本人内心的小秘密。没有季节的变化说老实话真的不美，日本人也应该没有办法在只有夏冬两季的地方生存。更迭的四季、流转的花期，正是因为变化才让人觉得美。一边惋惜生命的无常，一边又淡然甚至快乐地去面对死亡这件事情，我想应该是属于日本的特殊性。

我们日本人对新生命的感触就存在于变化之中。身在生生流转之中，感受世界之大，体会和自然融为一体的爱，总让我觉得和西方支配自然、渴求永生的想法有一定的不同。一边是从自然中独立出来，追求自由；另一边是投身到自然中，和自然融合。

看看日本传统的茶室和民宿就能感受到这种和自然融合的思想。不管是作为建筑组成部分的门廊也好，屋檐也好，这些被认为是茶室一部分的庭园，都无处不体现着这种融合思想。

我们这个宇宙一刻也不停歇地变化着，大地、太阳、水、风等也都随之变化着。只有变化，才有存在。

日本并不缺少石头，但是在日本没有出现西方那样坚固的石造建筑，不是因为材料的关系，也不是因为气候的关系。在日本美学下诞生的日本建筑，孕育着日本的思想。谷崎润一郎的《阴翳礼赞》中说到，风土造就了深屋，深屋诞生了阴翳。而阴翳孕育出日本的美学，对变化更迭之美的热爱也是同理而生。

日本房屋构造的主要材料一般是木头、竹子、纸和土。没有人制造量重的大型家具，更多的是小型的方便生活的工具。在保持开放的前提下，使用屏风将空间暧昧地划分开来；外围则使用障子，这可以移动的光之壁，让外面的光线更柔和地进入室内。庭园中草木的影子也跟随光线移动。这些手法都能看出日本人与自然融合的心。明障子像滤镜一样让进入屋内的光更加柔和，这种有如阴翳一般的奇妙之处让人也好、物也好在逆光下显得更加华美。无常的美学在日本建筑空间得以展现，又在同样的空间孕育出变化更迭的美。

在今天，虽然自然的结构已经开始被破坏，但是我认为并不需要怀疑人与自然的关系，也不需要纠结于死亡的价值。正因为这个时代的无常，我觉得我们这个世界才更需要学习日本人崇尚变化更迭美的意识。

17 不锈钢

不锈钢极具光泽感，由于不会生锈，在近代越来越受到重视。餐具等日常生活用品随着它的出现而发生了变化，建筑的窗框中也开始广泛使用不锈钢。在它身上，虽然没有那种违反自然变化规律的美，但这种美和传统的日本美学却大不相同，它光泽的持久性和美观度是别的材料所无法比拟的。怎样设计才能使这冰冷闪光的材料变得更有温度呢？这是我们要探讨的主题。

"金属"系列餐具（第 236~239 页图片均属"金属"系列餐具）

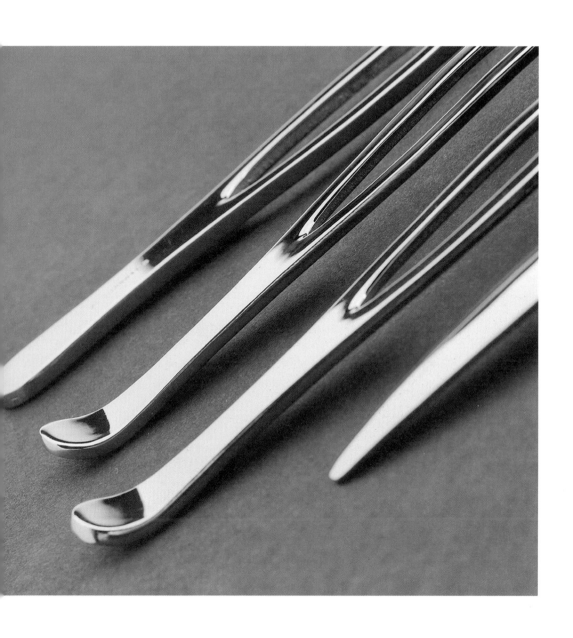

这是一套以光为主题的不锈钢餐具。采用了直接从不锈钢板上切割下来的制作方法。

"金属"系列波浪器皿

　　这是由不锈钢板加工而成的几个可叠放的器皿。叠在一起时是一件独立的物品，然而分开后又可以当作餐桌托盘来使用。"GOM"系列把软材料加工成坚硬的外形，与此对照的话，"金属"系列则是把既硬且会闪光的材料加工成柔软的外形。

"金属"系列胶带

"金属"系列调味罐

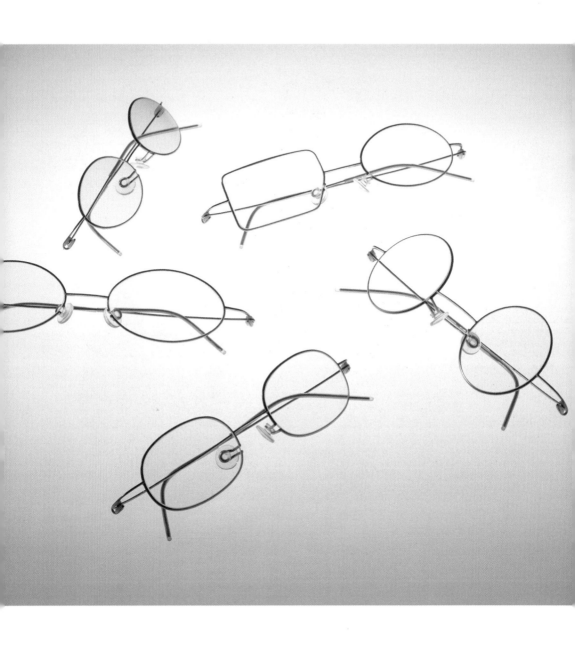

蝴蝶

镜框可拆卸。

成为亚洲人

我常想，虽然中国离日本这么近，但我们却不太了解它。所谓"这么近又那么远的国家"，大概就是这个意思。我们之间的关系，就像是父母和孩子，那么亲近却又互相不了解。如果双方完全没关系，光是好奇心就能促成见面；反而关系越深需要考虑的东西就越复杂。

但现在已经不是讲这种话的时候了。一直这样下去的话，日本就会被孤立毁灭。我们的世界一刻不停地向前发展，中国在世界上的位置也变得越来越重要。因为中国是一个迅速发展的国家，有时候人们看待它的心情就会有些复杂。但我们不用像政治家那样和国家打交道，我们所要接触的是真真切切的中国人。

中国人说起日本这个国家，也会有各种各样的想法。虽说要放下过去，但总归还是存在父辈祖辈的事，那些记忆不会那么容易就消失。但是我们的着眼点并不在国家，而是在于一个一个的人。所以这样想来，或许见面的时候应该说："我父亲当时承蒙您的照顾。谢谢您！"或"我们的父辈对你们做了那些过分的事，真是对不起。"

人总是活在当下的，但是活在当下的我们也带着对过去的回忆，也有对未来的梦想。那些"过去的记忆"和"未来的梦想"对于中国人和日本人来说，内容不尽相同，这难道不是很正常的吗？我们的世界变得越来越小，很容易和各种各样的人打交道，我们的生活圈子却扩大了。虽然我的国籍是日本，但我也因为这生活圈子的扩大，开始向外人说自己是亚洲人，只是故乡在日本。被我这么一说，日本成了一个地区，国家这个头衔变得不那么重要了。

还有另一件事情需要在打交道时多加注意，就是要从头到脚地彻底相信对方、喜欢对方。相信你的人不会背叛你；喜欢你的人会原谅你犯的错误，即使那是他很在意的事情。人们总是会互相喜欢的。所以我要"先发制人"，主动去相信他人，喜欢他人。

现在，世界正在向着"全球化"的方向飞速前进。"全球化"的意思就是能完整地看这个世界，让世界成为一个整体来运转。以前在日本，每个地区都显得特别独立，比如福冈有福冈的生活，东京有东京的生活。而现在，东京也好福冈也好，都只是日本的一个地区。目前，虽然日本有日本的生活，但如今的中国也好，希腊也好，德国也好，都是世界的一部分，紧密联系着。

希腊发行的国债让日本深受折磨。日产汽车大部分都是在日本以外的国家生产的。日本虽然有各种企业，并且数量庞大，但其产品大多数都是在海外销售的。在这样的时代，日本无法孤立地生存，大家都是相互联系的。以前，福冈县的县界线还有着重要意义，现在，人们都在不经意间就跨过了那条线。虽然今天跨越国境的确还需要检查护照，但在生活层面，国境早就消失了。

由于日本是岛国，所以创造了先进又纯粹的文化。但是在纯粹的同时，不可避免地又催生了封闭意识，内心抵制与不同文化进行交流。看不清情势的日本人很难走向世界，因此，对中国到底是什么情况，也一直不太了解。

我妻子的母亲年轻的时候常常出入美国，她最初出版的书便是用英语写的，当然也是在美国出版的。我曾听她说，麦克阿瑟占领日本时，下达的第一条命令就是"研究日本人"。最初在日本登陆的美国军队对日本人进行了彻底研究，他们对今后是否让日本重生进行了缜密的讨论。

我认为，日本也应该学习中国的文化和历史。日本政府对中国的研究到底达到了哪个程度呢？因为不了解，所以才会产生恐惧感和不信任。毕竟中国是个有着多民族历史的国家，多种不同文化混杂在一起。而日本文化较为单一，因此日本人自然也不能迅速接受文化具有多样性的中国。虽说中国在很多方面还有待发展，但日本人的意识才更待发展。我们应该放眼世界，从"亚洲人"的角度去看待、接受一些事物。

中国有个设计事务所，总公司在香港。还有一家和我签约的家具公司，总部也在香港，分公司在巴黎。从"亚洲人"的角度去看待问题，牢记自己的国籍是亚洲的某个叫日本的地方，将它看作自己的故乡，把自己生活、工作的地方都想成是在亚洲，那会怎么样呢？那样的话，人们去在招工的地方工作就行了。在阳光明媚的地方休息，在适合销售的地方开商店，在生产技术先进但成本低的地方生产就行了。把整个亚洲都想成是自己的"国家"，这样想就好。

18 桐木 ▶

桐木是用指甲轻轻一划，就会立刻留下痕迹的木材。它重量轻，很适合制作用来存放轻量衣物、密封性良好的家具，比如衣柜。听说即使是火灾时被救火的喷头淋湿了，桐木也会膨胀牢牢堵住抽屉的缝隙，不会弄湿衣服。对于使用榻榻米和隔扇、结构柔软的日本房屋来说，这轻便桐木制的衣柜是最适合不过的了。桐木是一种很温和的材料。

桐木盘

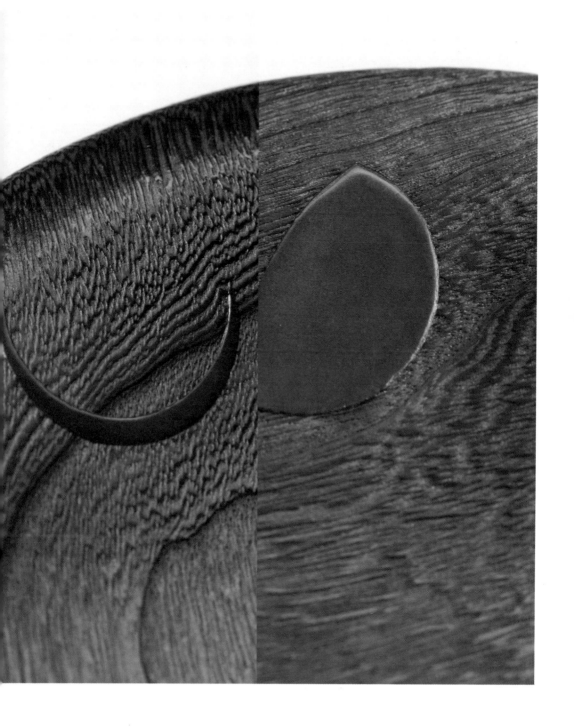

　　这是集金泽传统匠人及作家的审美意识和现代审美意识于一体的作品。一般用"九谷烧"烧制图案，但这里采用了"地纹"。金箔则象征着黄金的高贵。桐木工艺是先将桐木加工成托盘，再用传统手法描上图案。漆器用具有金泽地方特色的锡镶了边。

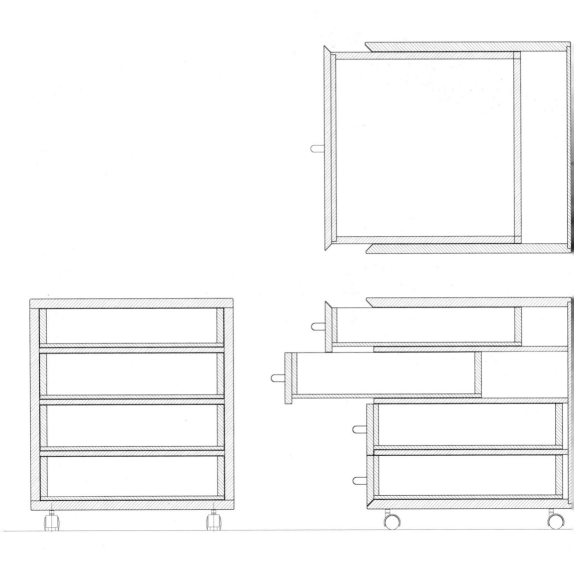

桐木柜

这是一个用桐木制成的移动橱柜。黑色是用火焰熏烤出来的。

新城的思想——灾后重建之后的思考

1. 对自己居住的地方，要珍惜那种"我就是想住在这里"的心情（记忆和共同体），要珍惜人类这种生物能安定居住的自然连续性。还要有颗珍惜新的挑战和过去记忆的心。在时刻想着做个"不变的人""不悔的人"的同时，也要有意识地做个"不能改变的人"。

2. 不要违抗自然，而是要学会利用自然的力量。人类作为自然的一部分，要珍惜这样的生存方式，要对自然保持虔诚敬畏之心。自然的力量远超过人类。作为东方人，我们要重新评估审视东方自己的自然观，而不是被西方基督教思想中的自然观所束缚。

3. 要坦然地接受生与死。因为我们都是自然的一部分，所以生死也是必然之势。要珍惜那颗能感受灭亡与破坏之美的心。凋落的樱花也是一种美。要培养一种乐观面对死亡的精神。

4. 要珍惜生命。生命是最优先的。要学学江户人，他们从不过于计较物质方面的得失。只要生命还在，失去了家也无所谓，因为还有未来。失去后从头再来也会成为一种快乐。虽然我们也需要对物质有所追求、有所要求，但也有必要培养这种洒脱的精神。

5. 最大限度地合理分配资金。用保险的方式来减少失去财产所带来的损失。不是用这笔钱去修筑防洪堤，而应该将其用在房屋重建时。地方或者城市要从平时开始重视用于重建的保险投资。要制定能让社会进步，能让人类找到积极生存方式的制度。

6. 要重视自助自立的思想。"自愿"是指具有自发性。我们要用自己的双手来建造城市。要是可以的话，在建筑上也可以采取自己动手的态度，尽力所能及之事。记住不要依靠别人，要自己动手。学会了自己做事，也就培养了帮助他人的胸怀。

7. 以自然能源为基础来考虑能源政策。尽量利用遍布地球的太阳能、风能、水能、地热能（岩浆）等来发电。珍惜资源有限的地球，时刻提醒自己，现在地球上的人数已经远远超过了地球的承受能力。我们要考虑地球的承受能力，不要超过其极限。

8. 数字时代使世界成了一个整体（全球化），与此同时让自给自足成为可能。网络把个人直接和世界连接到一起，同时我们也察觉到世界开始以自我为中心。以家庭为单位来说，如今已能够自己发电、安装收集雨水的水管、自己净化污水等；以地区为单位，我们已实现粮食自给、地区发电等。我们要构建一个充分体现自给自足与地区、个人特色的网络状、融合性社会。

我想用这些理念来思索城市建设。

19 陶 ▶

　　由于烧制时温度不高，陶器的硬度往往不够大。
在陶身上有着瓷所没有的人性魅力。不上釉的陶器能
保留泥土的气息，即使上釉，也难免会留下几个手
印，很是朴素。日本的餐具和西方餐具不同，是拿在
手里用的，所以很重视手感。这就是温暖的陶器被日
本人重视的原因。陶的身上承载着泥土形象。

香盒

这是盛香料的容器。制作方法是先在泥块中挖一个洞，然后放入釉。由于是用泥块制成，所以被取名为"马粪"。

紫砂壶

去无锡之前，我去宜兴拜访了一位制作茶壶的名匠。在中国茶的世界里，茶牢牢扎根在人们的日常生活中。我非常喜欢边聊天边品茶。

宜兴的那位名匠当时问我："我老听你说，原材料是最重要的，那它到底有多重要呢？"我还没来得及回答，这位师傅又发话了，他说："紫砂壶最重要的就是它的触感，其次才是它的外观。也就是说，先触摸它、感受它，随后才是用眼睛去看它。"他让我触摸了许多名作。他告诉我，看起来凹凸不平，但摸上去光滑细腻的紫砂壶才是好的。我顺着他的话说道："这么说来，紫砂壶要是像中国女性的肌肤一样就好了，是吧？"师傅好像就是在等着我的这个回答一般，看着我连声说道："是啊，是啊，就是这么回事。"

这一瞬间，我非常狂热地窥视着紫砂壶让人着迷的美。那天，我买了其中一位名家做的茶壶。小小的茶壶嵌着金色的装饰，是件充满中国工艺气息的作品。在展厅里，我看着数百件茶壶，一边想着"我一定要做出和这里的东西不一样的设计"，一边继续观察下去。我看着各种各样的茶壶，试图摆脱传统，设计另一种茶壶。我在脑海里勾勒出一个轮廓，又环视了一圈展厅，买下了和我的构思相差最远的那只。

我在脑海中勾画的紫砂壶残酷地撕碎了它的历史，可是却又描绘了紫砂壶的新境界。

萩色茶碗

萩色茶碗

20 石

长年累月堆积下来的泥土会变成石或岩。火山
喷发产生的熔岩凝固后也会形成石头。石头存在的意
义，也许就在于它本身形成的历史。在西方，人们用
白色的石头雕刻女神；在日本，人们则会用石头雕刻
佛像。也许在石头里本来就住着女神和佛祖。

石铁烛台（第 262~265 页图片均为石铁烛台）

在花岗岩中烧制出一个烛台，是石头和铸铁的完美结合。

人与自然

30年前，我遇到了"美人鱼"号帆船的设计师。"美人鱼"号是当年一个叫堀江的青年独自横跨太平洋时所用的帆船。刚好在那时，我用画布设计了一个海上港口，并带它参加了设计比赛，获了奖，于是我想再设计一个漂浮在海上的房子。也就是说，我不想被狭窄的地面所拘泥，希望能在宽广的海面上建造房子。

我的设计是这样的：那是个像小别墅一样浮在海面上的房子；屋顶有舒适的甲板，可以在那里吃饭看书；下到海面的楼梯处，设有一块紧贴海面的小甲板，可以钓鱼，或者跳到海里游泳；客舱有三层，相互连接，可以安稳地漂浮在海面上；中间立着一根直通海里的长杆，这根长杆就像渔夫的浮标一样，用来减少船体晃动。这是一条漂浮在宁静港湾的船，也是一间海上房屋。

当时我和"美人鱼"号的设计师聊起了这个设计，想从他那里得到一些好建议。他的话吓了我一跳："黑川，你也太小看大海了，你太轻视自然的力量了。只够一人乘坐的小'美人鱼'号之所以遇到风暴没有没沉，是因为听任自然的安排啊。小叶子在大浪中没被弄坏，是因为漂浮在了波浪之间啊。你打算通过抵抗自然的变化来谋求安稳，这一构思在最开始就是错误的。"

帆船借助风力行驶；滑翔机也是借助气流才得以在天空飞翔；喷气式飞机更是利用空气向前飞行，甚至改变飞行方向；轮船也是借助了大海的浮力。这一切，都是自然的力量。

然而，防浪堤仅仅是为了抵御洪水、防止其侵入而建的吗？我相信，只要利用自然的力量，即使是核聚变和核裂变，我们也可以驾驭，控制。渔业也是如此，人类只有以谦卑的态度对待自然变化才能有所收获。农业也一样。人类在自然中为了自己而利用自然，并不是要忤逆自然的力量，而应该顺着它的力量，将其向人类所期待的方向推进。水耕栽培蔬菜和养鱼也应该在向自然的力量表达敬意的同时去加以利用。

面对大火，江户人是怎么应对的呢？我们应该思考一下，以前人们是如何应对自然灾害生存下来的。我的故乡多水灾，人称"水灾圣地"。它面朝伊势湾，位于浓尾平原的水乡，以前是块人造陆地。就像其住址"海部郡蟹江町大字蟹江新田字鹿岛"所示，这是一个有很多螃蟹的海湾。蟹江新田的新田就是新填埋出来的庄稼地。"鹿岛"这个地名也和水有关系，是伊势湾以前的人造陆地。祖先在那里所建的房子是以茅草屋顶的民宅为主屋的，而其水屋则建在北边高两米左右的石垣上。正如其名，"水屋"就是发洪水时避难用的屋子，在屋檐下还挂着小木船。

伊势湾刮台风的时候，我刚上大学。因为主屋被水淹了，所以我们只能逃到水屋里生活。小船在这时便有了用武之地，我乘它去很远的堤坝。祖先们真是聪明啊，把自己托付给自然，生存了下来。

灿烂的阳光可以用来发电；拂过脸颊的和风可以发电；下雨后流向大海的流水可以发电；地球内部有热滚滚的岩浆，其释放的能量也可以用来发电，即所谓的地热发电；作为海洋大国的日本甚至还可以用海浪发电。在每个地方，必要的时候，都可以发电。这样的话，因输电引起的巨大能源流失，以及因集中发电而造成的用电不足之事也不会再发生了。

在使用能源的地方制造能源，在消耗食物的地方生产食物。在这个全球化时代，我们更应该采取能尽量减少运输的供应方式，而自产自销、自给自足无疑就是一条路。我们这个时代是每个人既独立又相互关联的时代。这和利用小型电脑相互连接，从而发挥出巨大作用的云计算的想法很接近。在地震发生后的现在，数字技术的进步将是新时代城市建设的新希望。

21 黄铜

▶

黄铜是铜和锌的合金，是被称作"穷人黄金"的金黄色金属。黄铜价格低但可塑性高，在它表面能进行不同于传统着色或者涂漆的自然上色法。它是在传统工艺现代化过程中诞生的新材料。

"EN"系列（第 268~271 页图片均属"EN"系列）

遥远的记忆

　　每当我闻到枯草的味道，总会回忆起这样一幅景象：已经变成荒漠的田野，还残留着收割后的痕迹。站在龟裂大地上的是少年时期的我，藏在那高高叠起的谷堆后面。我在等待自己喜欢的第一个女生。当时我已经在上中学了，她是我的小学同学。我小小的心脏怦怦跳着，默默等待着她回家。到现在，那时谷堆里腾起的热气还令我记忆犹新。

　　之后的事我就记不清了。只是，那一瞬间的记忆就像现实一样不断浮现在我脑海里。味道的记忆真是深刻啊。触觉的记忆虽然模糊，但现实的触觉会从背后唤起那份记忆。嗅觉、触觉这些身体的感觉就像时刻埋伏在大脑深处一样。

22 聚氨酯涂料 ▶

　　涂料这种薄膜般的材料，无论在什么东西上一涂，都会立即改变它的质感。仅仅经过表面喷涂，就能带来这么大的改变，说它是现代的魔术师好呢，还是诈骗犯好呢？聚氨酯涂料以石油为原料，从本质来说，它也是由腐烂的木材经过各种化学手段变来的。它是我们这个"映像时代"的明星，充满欺骗的风采，但也可以算一种现代美。

"潘多拉"系列（第 274~277 页照片均属"潘多拉"系列）

设计与数学

我时常想，我的设计说不定在向数学靠近。我喜欢直线。在曲线图形中我喜欢圆和椭圆。我一直觉得要尽量避免没有法则的随意手绘。最近，我在做一个关于椭圆餐具的案子。要是规定好直径和深度，谁都能画出其形状。但我还想设计得更深入些，于是一不小心就画了一堆盘子的设计图。

我喜欢水平线。大海的水平线虽然有些波浪，但终究还是笔直的。我也喜欢月亮。比起满月，我觉得缺月更美，因为它是由圆构成的形状。

人体中不存在属于数学范畴的线，但身而为人的我依旧喜欢数学中的形状。这大概是因为数学的美和宇宙紧密相连。数学的美看似不存在于自然中，但实际上宇宙也具有数学的特点。

说到底，其实我也不知道数学的真正含义。

我们能在向日葵种子的排列或者海螺的形状里看出斐波那契数列来，能在自然界发现数学和形状竟然如此密不可分，这么想来，数学果然和宇宙的秩序紧密相关啊。即使把拥有黄金分割比的东西分割成两份，它们的纵横比例也不会发生改变。所以，它们可以不断地连接堆积起来。

前不久，我遇到了一个机器人研究员。他通过计算机和传感器来控制机器人的动态平衡。他认为这里头具有一种美感。不仅是来自尺寸的美，还有数学和力学所展现出的美。

我希望自己的人生轨迹能是一条直线。我不想从年轻到死亡活得像条抛物线。我想活得像条笔直地指向天空的直线，然后顷刻间消失殆尽。

节日

托盘（第 280~282 页图片均为托盘）

23 钢铁 ▶

我们这个时代可以说是"钢铁时代"。无论是城市、汽车还是电车,钢铁都是其中的主角。钢铁的重量和冰冷赋予了武器、汽车和电车等无情的感觉。可这冷酷无情正是钢铁的魅力所在。

三脚桌（第 284~290 页图片均为三角桌）

从商品目录开始

三脚桌与之前的"METAPH"系列相比，"三条腿"是它最大的特征。"METAPH"系列是在铝制的面板上镶入小螺丝，然后安装镀铬铁质桌脚。而三脚桌的面板和三根支架条都是钢铁制成的。

三脚架是稳定的象征。三脚架因为有角度，所以有特殊的美感，连影子都很好看。面板有圆形和正方形两种。正方形的面板下安装的也是三脚架。虽然听上去好像有点不对劲，但实际上，桌腿和桌面的方向各不相同，也是很妙的。有人说铝制的"METAPH"系列因为很轻便所以感觉挺好的，但这个"好"只体现在运输上。因为轻所以容易移动，但不一定好用。钢制的三脚桌正因为重，使用时比较稳定。因为是由钢板打造，板面本来就很光滑，又降低了抛光的成本。如今的工匠手艺高超，桌子的精度大大提高。到大批量生产的时候，成本低的优势便体现出来了。我也会关注着市场形势，希望将来能降低价格。我所说的那位工匠，便是为仓吴史郎先生做家具的石丸先生。这次制作过程中，玻璃还特别委托了HOYA玻璃厂来做，因此做工很是精良。

根据完工时的样子，其类型共分为三种。

第一种是原色，只使用了防锈涂料，配有使用同样涂料的托盘；第二种涂饰了陶瓷涂层，试制了黄色、白色、绿色、蓝色、黑色和深茶色6种；第三种使用了内侧为彩色的玻璃板，有粉色、乳白色和天蓝色3种。

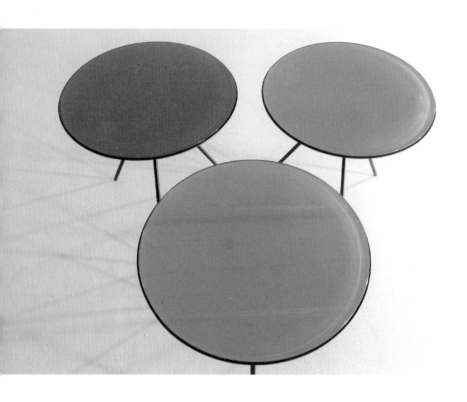

　　这张小桌子是放在椅子、沙发旁，用于辅助工作和生活，也点缀空间。最近，有家具店指出，起居室中搭配沙发的茶几已经不畅销了。我觉得，多摆几张这种小桌子，放放饮料、遥控器或者书，应该会成为起居室陈设的一种新潮流。

　　将我的设计商品化的公司——K公司，今后也将继续关注这个社会的发展，在此基础上设计制造商品。K公司并不制造"正式的家具"。家具公司需要准备各种搭配好的系列，也需要大展台和仓库。K公司专注于"仿家具"，比如"仿椅子""仿桌子""仿书柜""仿抽屉式书柜"。

　　其实"仿家具"是日本的传统工具。日本并没有所谓的家具历史。在家里，地板就是平台，在上面铺上榻榻米，大家坐在坐垫上，睡在被褥里。周围有屏风，有火盆作为取暖器具，有衣柜就能生活。K公司的"仿家具"是由各位工匠师傅来制造的，而非专业的家具匠人。K公司一直遵守着这个传统，一心致力于制造"仿家具"。K公司的目标是制造符合新时代生活且实用的"小型家具"。很久以前K公司就有了这一理念，曾经成功地做出"最小的椅子"。我非常认同K公司的这一理念，也一直致力于设计"仿家具"。

　　"生产杂货与仿家具"——今后K公司也将继续保持这一特色。

24 杉木

▶

杉木有着非常不可思议的手感，平滑得让人想起
拥有细致肌肤的女性。材料给人的愉悦程度取决于它
的手感、重量，或是嗅觉。这种量轻，又能闻到杉树
树脂清香的材料，真可以说是属于日本的材料。

杉木的回声

有一天，我出席了建筑画廊"画廊间"的展览开幕。在那里，朋友说要介绍我认识一个人。于是我面前出现了一个像少年般充满活力的青年。他给我看了块"放在手心里的小木块"，那就是"杉木的回声"。

我一拿到手就吓了一跳，它光溜溜的，特别舒服。就像呼地钻进我手掌里的小动物一样，刚好握在掌心。我当即请他把这块像可爱小动物的小杉木卖给我。听完我的请求，他二话不说就把这块小杉木直接送给了我。

后来，我在工作室举行了展览，受到了大家好评。我的脑海里突然浮现出一个想法：就拿这"杉木的回声"来做个盘子吧！

那位青年名叫有马晋平。我画了个草图给他，然后他就做出了大小不一的盘子来。在盘子上铺上一片大叶子，再放上些生鱼片和水果。和肌肤颜色一样的杉木防水性好，不会轻易被弄脏。就这样，"杉木盘"便诞生了。

还有一次，我受邀去韩国首尔参加展览。听说韩国有种叫SOBAN的传统小桌子，从李氏朝鲜时期开始就被人们广泛使用了。我请有马先生帮忙，制作了一只稍大的杉木盘。我在有马先生制作的杉木盘上钻了洞，随后装上桌脚。柔和的杉木和冷酷的桌脚形成鲜明对比，我们做了张不错的SOBAN桌子。

杉木盘（第 293~296 页图片均为杉木盘）

SOBAN 桌

SOBAN 桌

25 丝

丝是自古以来就备受人们珍视的美丽纤维。丝是最长的自然纤维，一个蚕茧中能抽出 800～1200米的丝。这被抽出的动物纤维，其主要成分是蛋白质和蚕丝蛋白。丝的生产始于中国，有人说是公元前3000年，也有人说是公元前6000年，总之有着非常悠久的历史。丝的生产方法在弥生时代便已传入日本，与西方进行交易的丝绸之路也是在这时诞生的。丝非常坚韧，并且有着独特的光泽，异常美丽。

设计的两个三角形

在设计中，有两个三角形，其中一个三角形由"艺术"、"技术"和"产业"构成。左手拿着"艺术"，右手拿着"技术"，两只脚必须扎实地踩在"产业"的大地上。

常有人问，设计是艺术吗？设计当然是艺术。我认为，艺术的创作实际上是作者的"自白"。艺术就是为了回应社会提出的要求，以活着的"人"的苦恼和欢乐为题材，来吐露心声的。

设计也一样。有人说设计是一种服务，其实并非如此。虽然从接受企业、客户的委托这一层面来看，设计的确是种服务，但设计师真正要做的是去挖掘企业和客户的真实需求。在解答企业和客户问题的同时，又与之一起发现问题，这也是设计师的职责。这样一来，设计师和艺术家的职责就一样了。

设计师同时又必须是一个工程师。不但要会进行直观的艺术创作，还得兼备技术人员的分析能力。与此同时，他们还必须扎根于社会产业活动。和产业的联系加强了，才能做出对人们生活更有帮助的东西。

设计是艺术，是技术，也是产业。我把这三者看作三个顶点，用三角形表现出来。

另一个三角形由"思想"、"艺术"和"技术"构成。与"艺术"、"技术"和"产业"构成的三角形相对的就是由"思想"、"艺术"和"技术"构成的三角形。这两个三角形相互连接，传达设计中的创作意义。

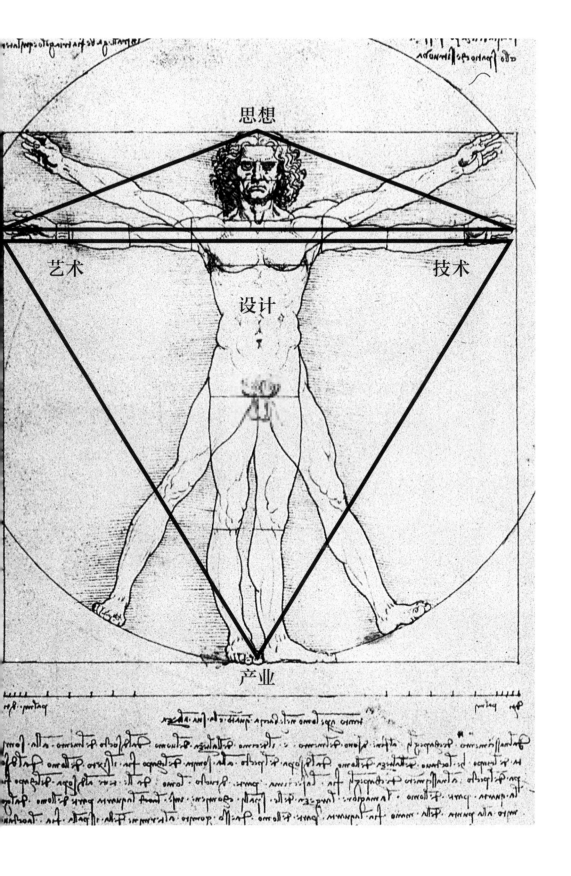

"SUKI"系列西阵织（第 302~305 页图片同属"SUKI"系列西阵织）

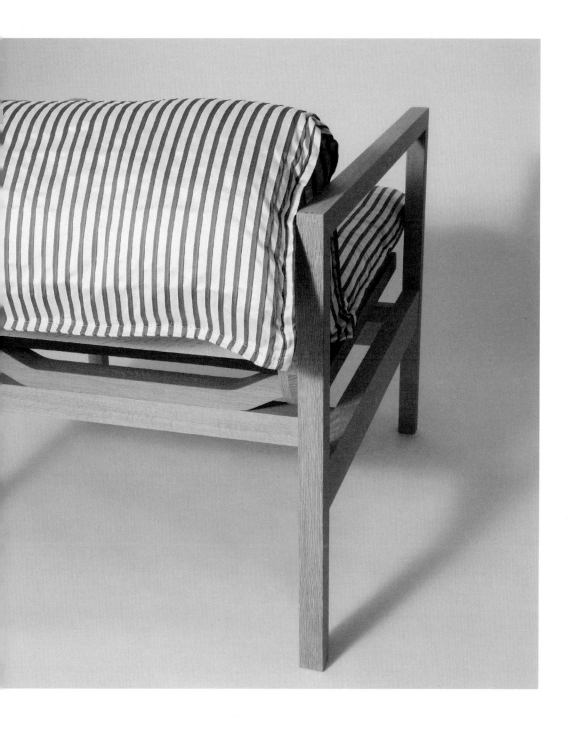

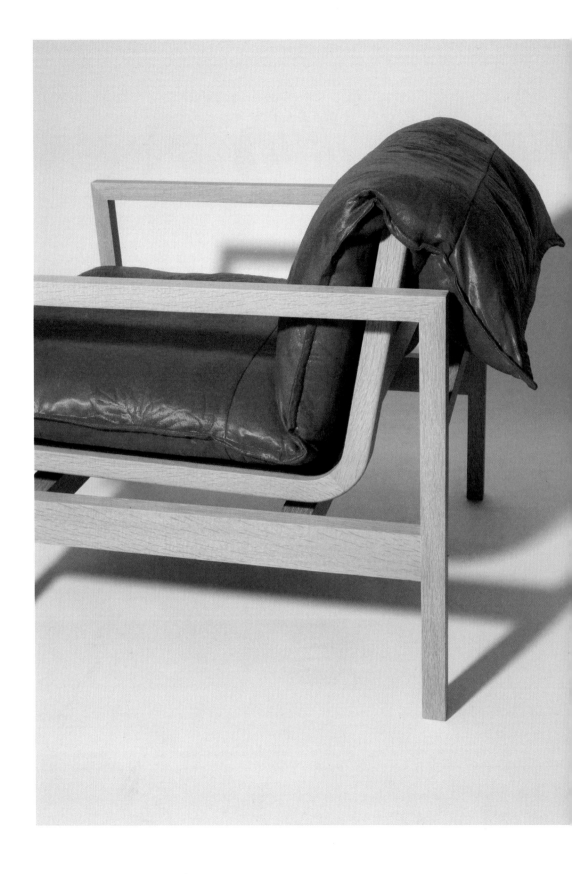

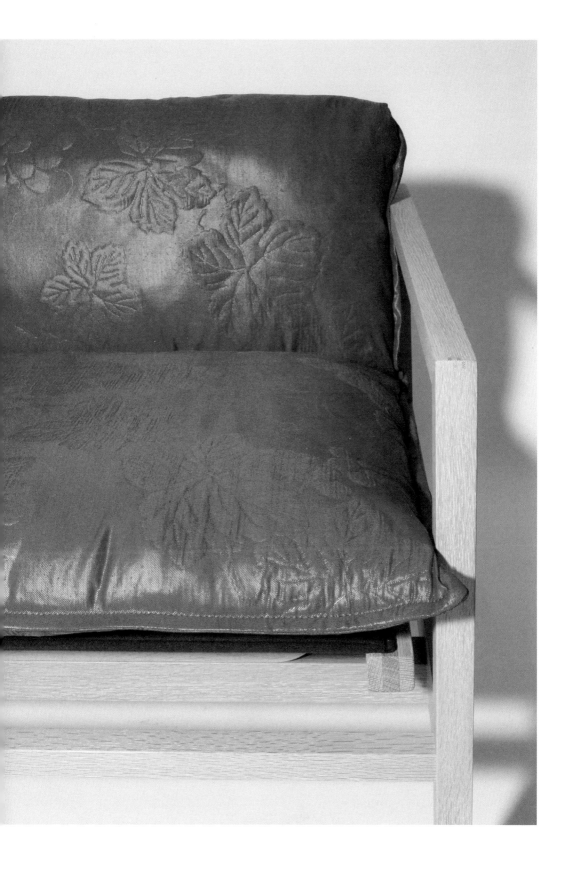

后记

本书是在由香港天地图书于2010年出版的《素材与身体性》的基础上修改、重新翻译成的简体版，并加上了一些新的作品。

这次借由简体版出版之际，重新审视了作品、照片和文字，让这本书变得更加充实。

本来这本书以材料为主题，提倡大家重视身体的感觉。但本书无法达到让人触摸实物材料的目的，不免与主题有一些矛盾。我希望读完这本书之后，能有更多的人期待触摸实物的材料，我本人也希望有一天能创造这样一个机会。

本书的出版得到了诸多帮助。出版要感谢创意生活CREATIFE的高大鹏先生，经纪上要感谢刘海津女士，照片要感谢夏书亮先生。

谢谢大家。

黑川雅之

黑川雅之（MASAYUKI KUROKAWA）

1937年　出生于日本名古屋市

1961年　毕业于名古屋工业大学建筑学科

1967年　完成早稻田大学基干理工学研究科建筑工学博士课程

　　　　成立黑川雅之建筑设计事务所

1983年　成立K株式会社

2000年　成立DESIGNTOPE株式会社

2012年　将株式会社黑川雅之建筑设计事务所更名为K&K株式会社

作为一位涉猎广泛的建筑师积极活跃在产品、家具、装修、建筑、城市综合设计等领域

代表建筑作品

1995年　千叶海滨公园野外剧场

　　　　千叶南袖观景台

　　　　PALOMA总部新馆

1996年　来待石雕美术馆

1997年　健康之乡来待诊疗所健康中心

1998年　PALOMA广场大厦

2000年　风与光之塔

　　　　伏木富山新港玛丽娜俱乐部会所

2003年　铁质茶屋　佐伯邸

2006年　花阴

2012年　CASA VITA

2014年　梦蝶庵

产品设计

1973年　"GOM"系列　富双橡胶工业株式会社

1987年　"K"系列　东陶机器株式会社

1992年　"INTERFACE"系列　美和锁业株式会社

1994年　"FIENO"系列　GRAND BLEU株式会社

1996年　混乱腕表　西铁城电子株式会社

　　　　"ACCENT"系列　竹中制作所

2002年　立礼桌　胜俣铭木工业

2005年　"IN-EI"系列　高冈漆器株式会社

2007年　"铸铁"系列　清光堂工业社

2009年　"气球"系列　松德硝子株式会社

2013年　"PLPL"系列

获得奖项及荣誉

27次德国iF设计金奖（iF Design Award）

31次日本杰出设计金奖（Good Design Award）

日本每日设计奖（Mainichi Design Awards）

日本室内设计师协会年奖

多系列作品被丹佛艺术博物馆、纽约现代艺术博物馆、大都会艺术博物馆等永久收藏

代表出版物

1992年　《ARCHIGRAPH　黑川雅之×稻越功一》(TOTO出版)

1993年　《黑川雅之的产品设计》(六耀社)

1998年　《反对称的物学》(TOTO出版)

2000年　《设计的未来考古学》(TOTO出版)

2004年　《设计曼陀罗》(求龙堂)

2006年　《日本的八个审美意识》(讲谈社)

　　　　《设计修辞法》(求龙堂)

2009年　《设计与死》(SOCYM)

2010年　《素材与身体性》(香港天地图书)

中文引进版

2014年　《设计修辞法》(河北美术出版社)

2015年　《设计曼陀罗》(河北美术出版社)

2018年　《设计与死》（中信出版集团）

　　　　《日本的八个审美意识》（中信出版集团）

　　　　《依存与自立》（中信出版集团）

2020年　《椅子与身体》（中信出版集团）